纤维增强复合材料细观力学性能实验研究

郎风超　著

北　京

冶 金 工 业 出 版 社

2022

内 容 提 要

本书共分 7 章：第 1 章绪论；第 2 章介绍云纹干涉法、电子束云纹法、纳米压痕法以及几何相位分析法的基本原理；第 3~7 章主要为应用上述实验方法研究复合材料界面细观力学性能的实例，包括复合材料表面高频正交光栅制备、界面基本力学性能研究、复合材料细观蠕变性能研究、复合材料裂纹应变场以及界面残余应力的相关研究。

本书可供材料研究与开发的科研人员和工程技术人员阅读，也可供高等学校相关专业师生参考。

图书在版编目（CIP）数据

纤维增强复合材料细观力学性能实验研究/郎风超著 . —北京：冶金工业出版社，2021.4（2022.4 重印）
ISBN 978-7-5024-8793-5

Ⅰ.①纤…　Ⅱ.①郎…　Ⅲ.①纤维增强复合材料—材料力学—实验研究　Ⅳ.①TB33-33

中国版本图书馆 CIP 数据核字（2021）第 081240 号

纤维增强复合材料细观力学性能实验研究

出版发行	冶金工业出版社	电　话	(010)64027926
地　址	北京市东城区嵩祝院北巷 39 号	邮　编	100009
网　址	www.mip1953.com	电子信箱	service@ mip1953.com

责任编辑　高　娜　美术编辑　彭子赫　版式设计　禹　蕊
责任校对　郭惠兰　责任印制　禹　蕊
北京建宏印刷有限公司印刷
2021 年 4 月第 1 版，2022 年 4 月第 2 次印刷
710mm×1000mm　1/16；8.5 印张；166 千字；127 页
定价 85.00 元

投稿电话　(010)64027932　投稿信箱　tougao@cnmip.com.cn
营销中心电话　(010)64044283
冶金工业出版社天猫旗舰店　yjgycbs.tmall.com
（本书如有印装质量问题，本社营销中心负责退换）

前　　言

　　纤维增强复合材料因具有高强度、高模量、耐腐蚀、耐疲劳等特点而被广泛应用于航空、航天、汽车、环境工程、能源、交通、建筑、电子以及运动器材等诸多领域。21世纪以来，纤维增强复合材料的开发与应用以每年10%左右的增速进入飞速发展时期，因此对其细观力学性能的研究就显得十分重要。目前对复合材料细观力学性能研究大多集中于理论研究以及数值仿真分析研究，而实验研究相对较少。

　　纤维增强复合材料界面力学性能实验研究方法主要包括宏观实验和微观实验两类。宏观实验一般只能给出界面强度的定性比较而无法得到定量值。微观实验能够直接定量或半定量测出界面强度，但微观实验大多只能对模型试样进行分析，其与真实材料偏差甚远，而且不同实验方法得到的数据相差较大。同时，微观实验由于测量精度及空间分辨率限制，均未涉及界面残余应力的直接测量以及载荷作用下纤维断裂引起的应变集中，界面、层间以及缺陷周围的应变分布规律等问题。因此，本书结合现代实验力学方法（如电子束云纹法、几何相位分析法以及纳米压痕技术等）对纤维增强复合材料细观力学性能进行相对系统的分析。

　　全书共分7章。第1章绪论；第2章介绍云纹干涉法、电子束云纹法、纳米压痕法以及几何相位分析法的基本原理；第3~7章主要应用上述实验方法研究复合材料界面细观力学性能，包括复合材料表面高频正交光栅制备、界面基本力学性能研究、复合材料细观蠕变性能研究、复合材料裂纹应变场以及界面残余应力的相关研究。本书是在前期研究工作的基础上编撰而成的，其目的是为纤维增强复合材料细观力学性能实验研究提供借鉴。

　　在本书出版之际，作者特别感谢内蒙古工业大学邢永明教授、赵燕茹教授多年来的谆谆教诲。感谢航天科工集团第六研究院朱静高工对本书第 7 章的贡献，感谢内蒙古工业大学测试中心侯小虎、刘飞以及赵学平老师对实验内容的支持，感谢学生潘俊臣、王时雨对书稿的校对工作，感谢李继军教授对书稿的审阅。感谢国家自然科学基金的资助。

　　限于作者的水平和经验，书中难免存在不足之处，敬请读者批评指正。

作　者

2020 年 12 月

目　　录

1 绪　　论

<<<<<<<<<<<<<<<<<<<<<<<<<<<<<<<<<<<<<<<<<<<<<<<<<<<<<<<<<<<<<<<<<

　　复合材料（composite materials）是由两种或多种物理和化学性质不同的物质组成，经一定工艺制成的一种具有新性能的多相固体材料[1]，其力学、物理性质既保留了原来单相材料的特点，同时又在宏观性能上综合了各组分材料的优点，通过相互协同作用可以产生单一材料所没有的新特性。复合材料本身就是一种具有很强可设计性的结构，可根据实际需要合理设计增强相和基体相成分配比、界面质量以及复合成型工艺等，得到综合性能最优的材料。目前复合材料制品相对于传统的金属材料具有更高的比模量、比强度，抗损伤和耐疲劳等特性，在航空航天、建筑、交通、机械、化工等很多领域获得了越来越广泛的应用[2~4]。尤其是近年来复合材料原材料、成型工艺等的低成本化，使得复合材料日趋"平民化"，已经成为社会生产和生活过程中常见的新材料。

　　纤维增强复合材料的出现和发展是现代科学技术不断进步的结果，也是现代材料设计成功应用的里程碑。纤维增强复合材料具有三种不同的相态[5,6]，分别为基体相、增强相和界面相。基体相呈连续分布状态，按照基体相的不同可划分为金属基复合材料、树脂基复合材料、陶瓷基复合材料和碳基复合材料四大类；增强相被基体所包围，呈分散分布状态，按照纤维的组成可分为天然纤维、人造纤维和合成纤维等；另外存在于基体相和纤维相之间的区域称为界面相，其结构和性能既不同于基体也不同于纤维。作为连接增强相纤维与基体的界面是复合材料中重要的微观结构，界面相包括纤维本体、纤维表面过渡区、纤维表面涂层、基体表面过渡区和基体等。界面既是连接增强相与基体的桥梁，同时又是力学信息的传递者[7]。尽管界面的尺寸远小于整个材料的尺寸，但是复合材料的破坏往往是从界面开始的，界面上存在着载荷的传递、剪切强度和应力奇异性等多种力学问题[8,9]。界面的细观力学性能直接影响着整个复合材料的力学、物理性能，如层间剪切、断裂、冲击、湿热老化以及波的传播等[10]，因此有必要对复合材料界面进行细观力学性能进行研究。

1.1　纤维增强复合材料

　　纤维增强复合材料是增强相为纤维的复合材料。由于增强相纤维本身具有高强度和高模量等特点，因此能够起到传递和分散载荷的作用，同时基体又为纤维的铺设提供环境，两者相结合形成具有高强度、高模量、耐腐蚀、耐疲劳等特点的纤维增强复合材料[11]。复合材料的增强相具有较强的承载能力，根据其几何形状，可分为长纤维、短纤维、片状物、颗粒、晶须等；按其种类有碳纤维、玻璃纤维、芳纶纤维、硼纤维、碳化硅纤维等。复合材料的基体相材料承载能力相对较弱，主要由各类树脂（环氧树脂、聚酯、酚醛等）、金属基（铝、锰、镍、钛等）、陶瓷基等构成。

纤维增强复合材料具有其独特的优越性能，具体如下：

（1）相对密度轻。纤维增强树脂基复合材料的密度为 $1.5 \sim 2.0 g/cm^3$，仅为普通钢材的 25%~40%。

（2）比强度和比刚度高[12]。比强度和比模量分别是指强度和模量与密度的比值，是衡量材料承载能力的参数，由于树脂基复合材料的密度比较低，且增强材料纤维的强度和模量又比较高，如 SiC 纤维的强度可达 3000~4500MPa，模量为 350~450GPa。所以纤维增强树脂基复合材料有较高的比强度和比模量。

（3）抗疲劳性能好。一般金属材料如果出现裂纹，材料很快就会破坏。而复合材料由于自身结构特性，当基体或纤维发生破坏，裂纹在扩展时会受到界面或者纤维的阻碍，从而使裂纹扩展方向发生改变，并减缓其扩展速度，即在完全断裂前会有预兆，从而可以增加其使用寿命。例如，碳纤维增强树脂基复合材料的抗拉强度明显高于高强钢丝。利用 SiC 纤维增强 Ti-Al 基复合材料制成的直升机旋翼，疲劳寿命比金属要长很多倍[13]。

（4）减震能力好。复合材料由多相材料构成，并且相与相之间存在界面，这就为复合材料提供了良好的减震性。结构的自振频率除了与结构组成有关以外，还与其使用材料的比模量平方根成正比，因此纤维增强树脂基复合材料的自振频率较高，不易出现共振现象。

（5）安全性能好。纤维增强复合材料中的众多纤维各自独立，各纤维均能承担载荷，在载荷作用下即使有部分纤维发生断裂，载荷也会经基体传递，重新分配给完好的纤维继续承载，增加了安全裕度[14]。

（6）可设计性好。与所有复合材料一样，纤维增强复合材料可以通过改变材料种类、比例、排列结构、成型工艺等进行重新设计。同时，耐腐蚀、耐冲击、耐高温、耐磨损的性能也较金属材料要好[15]。

1.2　纤维增强复合材料界面研究

1.2.1　界面微观结构

近年来，人们对复合材料的微观性能的认识逐渐深入，尤其是界面区域的微观结构性能被越来越多的研究人员所关注。纤维增强复合材料界面如图 1-1 所示，纤维和基体在复合固化工艺过程中，由于物理、化学、力学等因素的综合作用，在纤维和基体相互接触的位置产生一个具有独特性能的过渡区域，该区域的材料性能既不同于纤维也不同于基体，被认为是一个物理性质极为复杂的中间层。在力学分析中，将它模型化成为一区域，即界面[16]。简单地说，界面就是在材料内部物理性质的间断面或不连续面，是复杂结合结构的简化。

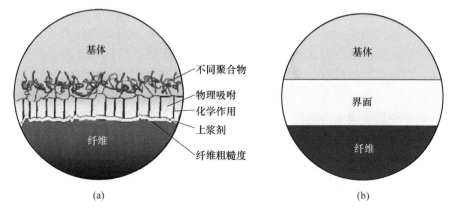

图 1-1 纤维与基体间的界面相

(a) 微观材料成分；(b) 简化模型

界面对复合材料的综合性能控制起着重要作用，界面的性能直接影响复合材料纤维与基体之间的应力传递、分布与微观力学性能，从而影响复合材料的宏观力学性能。界面还会影响到复合材料在使用过程中的内部损伤、积累以及裂纹传播的历程，从而影响复合材料的使用可靠性。反之，调节复合材料界面微区特性，可使纤维和基体间具有良好的力学匹配性，从而使复合材料达到最佳的使用效果。

1.2.2　界面物化机制

复合材料的界面并不是一个简单的几何平面，而是一个多层结构的过渡区域，界面区是从增强相内部某一性质不同的位置到与基体相整体性质相一致的位置所包含的区域。在界面相内，化学组分、分子排列、热性能、力学性能呈连续梯度变化趋势。在增强相和基体相复合过程中，会出现由导热系数和热膨胀系数不同而引起的热残余应力，因为官能团之间的作用或反应产生的界面化学效应和由成核诱发结晶与横晶而导致的界面结晶效应，上述效应耦合在一起形成的界面微观结构和界面特性，会影响复合材料的宏观性能。在组成复合材料的两相中，一般总有一相以溶液或熔融的流动状态与另一相接触，然后经过固化反应使两相结合在一起形成复合材料结构。在这个过程中，两相间相互作用的机理一直是人们所关心的问题。通过对复合材料的深入研究，目前已提出了多种复合材料界面理论，每种理论都有一定的实验依据，能解释部分实验现象。但由于材料的多样性及界面的复杂性，至今尚无一个普适性的理论来说明复合材料的界面性能。

1.2.2.1　浸润性理论

在复合材料的制备过程中，只要涉及液相与固相的相互作用，必然就有液相与固相的浸润问题。浸润是形成复合材料界面的基本条件之一，且两相间的结合模式属于机械粘结与润湿吸附。材料表面在微观层面观察都是凹凸不平、参差不齐的。好的浸润性意味着基体（液体）在增强相铺展开来，并且覆盖整个增强相表面。在两相接触过程中，如果基体对增强纤维的浸润性差，那么两相之间发生的是点接触，接触面有限，因此导致结合强度低；如果基体对增强纤维的浸润性好，基体相填充到增强相表面的凹陷中，产生机械咬合作用，那么两相之间产生的是面接触，接触面积较大，结合强度高。浸润性仅仅表示液体与固体发生接触时的情况，而并不能表示界面的粘结性能。因此，良好的浸润性只是增强相和基体相之间能够达到良好粘结的必要条件，并非充分条件。

1.2.2.2　化学键理论

化学键理论是指增强相表面的化学基与基体表面的相容基之间的化学粘结，两相的表面含有能相互发生化学反应的活性基团，即官能团，通过官能团的相互反应，两相以化学键形式结合形成界面。如果两相的官能团不能直接进行化学反应，可以引入偶联剂作为媒介，然后再以化学键互相结合。化学键理论最成功的应用是偶联剂用于增强材料表面与聚合物基体之间的粘结性能。如对芳纶纤维和碳纤维的表面处理就是在表面氧化的过程中，纤维表面产生了—COOH 和—OH等含氧活性基团，提高了纤维和基体树脂之间的反应能力，在一定程度上提高了界面的粘接强度。

1.2.2.3　摩擦理论

该理论认为，基体与增强材料界面完全是由于摩擦作用形成的，其摩擦系数与复合材料的界面强度呈线性关系。复合材料基体与增强纤维界面的形成和破坏是一个非常复杂的物理和化学过程，有很多问题还在研究之中。相信随着科学的发展、人们对复合材料界面认识的不断深入和界面表征技术的进步，人们必将更全面、更深入地认识界面现象，界面理论也将得到进一步的发展和完善。

1.3　纤维增强复合材料界面力学性能实验方法

在纤维增强复合材料中，界面既是增强相和基体连接的桥梁，同时又是其他力学信息的传递者。尽管界面的尺寸远小于整个材料的尺寸，但破坏往往是从界面开始的，界面特性直接影响着整个复合材料的各项力学性能，尤其是层间剪切、断裂、抗冲击、抗湿热老化以及波的传播等性能。因此，随着复合材料科学和应用的发展，复合材料界面及其力学行为的研究越来越受到重视。

由于多数的纤维增强复合材料界面应力传递及失效的力学模型都没有考虑细观界面力学特性参数，因此对界面微结构参数和物化特性的微尺度实验力学表征就成为界面失效研究工作中最为困难和关键的环节。目前，表征纤维和基体界面力学性能的定量测试技术手段主要有：纤维拉出试验（fiber pull-out test）[17]、纤维压出测试（fiber push-out test）[18]、微滴包埋拉出测试（microbonding test）[19,20]和单纤维断裂测试（fiber fragmentation test）[21~23]等。

1.3.1　纤维拉出测试

在纤维拉出测试中，将单丝纤维或单丝包埋入纯净的基体中，制成单纤维拉出试样，随后将纤维从基体中拉出，如图 1-2 所示，用以模拟复合材料的界面破坏过程。将拉伸过程中得到的载荷-位移曲线应用于界面载荷传递模型，可得到界面剪切强度。假设界面剪应力均匀分布以及界面为均匀各向同性材料，则界面平均剪切应力为：

$$\tau = \frac{F}{\pi dl} \tag{1-1}$$

式中　F——纤维拉出载荷；

　　　d——纤维的半径；

　　　l——纤维埋入长度。

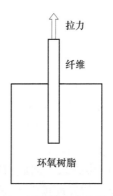

图 1-2　纤维拉出实验示意图

该测试技术提供了一种用于比较各种表面处理技术和包埋基体材料性能的影响的实验技术，同时能够给出界面结合情况的最直接的测试。随着研究的不断深入，研究者们考虑了非均匀界面剪应力分布、界面摩擦响应、埋入深度、基体泊松效应以及热载荷的影响。文献［24］认为单纤维拉出过程由以下四个因素所支配：（1）界面受到基体的横向压应力；（2）纤维与界面之间的摩擦系数；（3）界面裂纹的扩展功；（4）埋入纤维长度和自由纤维长度。Jiang 和 Penn[25]以能量原理为出发点，综合以上各因素，研究了不同基体性能、埋入纤维段长度的差异以及界面摩擦系数等因素对纤维拉出测试的影响。

尽管出现了众多的实验方法，单纤维拉出试验依然受到研究者们的青睐，尤其是用于树脂基复合材料界面的研究。Young[26]等研究了单纤维增强复合材料模型中纤维和基体间的应力传递，结果显示复合材料受到沿着纤维轴向拉伸载荷以及残余应力同时作用时，应力传递发生于沿着纤维长度的界面上以及纤维端部。并结合拉曼光谱技术研究了聚乙丙烯基纤维增强环氧树脂基体单丝拉出模型的界面失效行为[27,28]。Nairn[29]测试了单纤维拉出测试中脱粘传递的能量释放率，给出了能量释放率公式可用于测定单纤维拉出测试和微滴测试中的界面失效强度。Quek[30]给出一种基于纤维和基体平衡方程满足假定应力函数方法，使用能量最小原理和变量积分原理得出了纤维拉出过程中纤维和基体上轴对称应力分布规律。文献［31］研究了单纤维拉出测试中界面裂纹扩展过程，并结合有限元方法给出了界面脱粘过程的断裂力学分析结果并能够测定能量释放率，研究了埋入热塑性材料基体中的碳纤维以及玻璃纤维的能量释放率，同时分析了热残余应力以及界面摩擦力的影响。Zhandarov 等[32]通过纤维拉出和纤维段断测试所获得的实验数据，综合几种理论模型分析测定了纤维增强热塑性基体体系中的局部结合强度。Andersonsa 等[33]利用 Weibull 分布给出了玻璃纤维拉出测试中纤维的强度分布规律。目前，不同实验室的实验结果显示纤维拉出测试会受到试样几何差异的影响，且纤维埋入长度的测量和纤维脱粘时间的确定等也会对其产生影响。

1.3.2　纤维推出测试

纤维推出测试是 1980 年由 Mandell[34]提出的一种用于测定复合材料界面剪切应力的技术，其测试原理如图 1-3 所示。在纤维推出试样中，试样由复合材料切割制作而成。纤维推出测试是一种可对复合材料进行原位测定界面力学性能的测试方法。将复合材料沿与纤维轴向垂直的方向切割成片状，并将截面抛光，选定适合尺寸的圆柱形压头在纤维端部沿轴向施加压力直至纤维被压至脱离基体为止。记录纤维推出过程中压力-位移关系，据此可以确定界面的剪切强度、摩擦系数等各项界面力学参数。最简单的界面模型如下：

$$\tau = \frac{F}{\pi dt} \tag{1-2}$$

式中　F——纤维压出载荷；
　　　d——纤维直径；
　　　t——试样厚度。

Correa 等[35]利用纤维推出实验测试了横向压缩载荷作用下复合材料中内部纤维的失效行为，给出了横向载荷与纤维成 53°时界面的失效机理。文献［36］

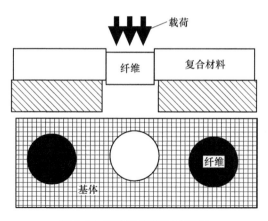

图 1-3　纤维推出实验示意图

结合拉曼光谱观察了碳纤维复合材料在纤维推出过程中的微结构变化，并通过实验说明体系所能承受的界面剪应力最大值是外加应变的函数并与载荷的类型无关。Xing 等[37]利用纤维推出法测定了纤维增强复合材料界面的残余应力。就目前来说，任何表征界面的实验，其目标是获得有关界面性质的某些定性和定量结果。从式（1-2）中计算得到的界面剪切应力是平均值，与真实界面剪切强度相比存在较大的差异。例如，纤维和基体之间残余应变的失配会导致试样界面附近存在较大的剪切应力，这种应力有时会大到在施加推出载荷之前就使试样发生界面脱粘[38]，因此会影响纤维推出试验结果，尤其是对厚度较薄的试样影响更加明显。再者，对于韧性材料和薄试样，推出载荷可能使试样弯曲，引起试样两端出现垂直应力，导致界面应力的不均匀状态。

1.3.3　微滴包埋拉出测试

微滴包埋拉出测试是纤维拉出实验的方式之一，如图 1-4 所示。该方法将试样呈块状的基体改为微滴状基体，并且用阻挡或推移微滴的方法来代替对基体的夹持。该方法避免了单纤维拉出试验试样制备困难的问题。试样制备过程中将单根纤维表面粘结环氧树脂液滴，因表面张力的作用，液滴自动形成椭球状纺锤体。树脂经固化后，通过微滴包埋拉出试验装置测定微滴沿纤维移动过程中的最大力 F_d。同时，假定界面剪切应力沿整个界面均匀分布，而且纤维是圆柱形，则可求出界面剪切强度为：

$$\tau = \frac{F_d}{\pi d(l_{final} - l_{initial})} \tag{1-3}$$

式中　F_d——微滴松动时的最大力；

　　　　d——纤维直径；

$l_{final} - l_{initial}$——纤维埋入树脂的长度。

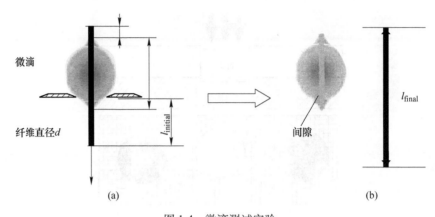

图 1-4   微滴测试实验

（a）几何参数；（b）纤维拉出后长度改变量

显然，式（1-3）是对应力分析的一种简化近似处理结果，它不是剪应力沿界面真实状态的完整反映。

Day 等[19]结合拉曼光谱研究了纤维增强环氧树脂微滴实验并对实验结果进行了模拟。Kessler 等[39]发展了基于复合材料断裂力学分析微滴包埋拉出测试的能量释放率模型。Graven 等[40]通过微滴测试分析了蚕丝纤维和环氧树脂基之间的相互交互作用并给出了界面强度。Ash 等[41]利用有限元模拟了玻璃纤维增强聚合物基复合材料在微滴测试过程中的应力传递过程。文献［42］对附着在碳纤维单丝上的微滴进行测试，分析得到了碳纤维和环氧树脂之间界面剪切强度。Bennett 等[43]结合同步显微共焦 X 射线衍射技术研究了复合材料微滴模型的界面微力学特性，并利用界面失效准则改进的纤维拉出剪滞理论对实验数据进行了分析。Eichhorn 等[44]通过监测拉曼带频移表征了埋入微滴内部纤维上的微力与变形之间的关系。

微滴包埋拉出试验能够方便地测定脱粘瞬间力的大小，并能用于几乎任何纤维/聚合物基体的组合。但同时由于脱粘力是包埋长度的函数，当纤维较细，而包埋长度较长时会引起纤维断裂。实验参数的不确定性会导致问题更加复杂，即使是同一种纤维/基体组合，测试结果常具有较大的分散度。同时，由于试样制备条件的影响，该方法难以应用于高熔点的陶瓷和金属基体。

1.3.4 单纤维断裂测试

单纤维断裂测试最早被应用于金属丝/金属基体复合材料界面性能测试研究，目前已被广泛应用于碳纤维和玻璃纤维等表面处理对复合材料界面剪切强度的影响研究中。首先将纤维单丝埋入基体中制成形状合适的试样，然后沿纤维轴向施加拉伸载荷通过界面传递到纤维中。当纤维应力达到纤维拉伸强度后发生纤维断裂，继续增加外载，只要纤维有足够的长度，就将裂成更短的纤维段，一直到纤维段长度不足以传递载荷而使纤维不能继续断裂为止。这种情况通常称为纤维断裂过程饱和。图1-5为纤维断裂过程以及应力分布示意图。由于纤维强度的统计性质和界面性质的不均匀性，纤维断裂后各段的长度并不相同，而是在一定范围内分布。各个断裂纤维段中最长的纤维长度称为临界长度l_c，假定界面剪切应力沿纤维长度为一定值，则界面剪切应力τ_b可由Kelly-Tyson模型[22]得到：

$$\tau_b = \frac{\sigma_f d}{2l_c} \tag{1-4}$$

式中　σ_f——临界长度下纤维拉伸强度；

　　　d——纤维直径；

　　　l_c——极限纤维长度。

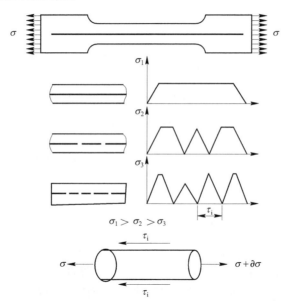

图1-5　单纤维断裂测试及应力分布示意图

Cox[45]提出的一维界面应力传递模型，假定基体为各向同性材料与纤维共同承载，界面处的应力传递率与界面两端的位移差成正比。Nairn等[46]考虑了热应力、材料性能和测试过程的各参数对纤维断裂的影响，同时能够满足纤维端部边界条件和基体位移连续性条件，但其缺点是不满足相容方程，因此给出的是近似解。Young等[47]结合拉曼光谱测试了玻璃纤维在复合材料中的纤维断裂现象。文献［48］等结合对拉曼光谱的定量分析研究了玻璃纤维段断后产生的裂纹会引起纤维上的应力集中，同时应用相对应的理论模型就得到了纤维与环氧树脂之间的界面剪应力分布。Yallee等[49]利用单纤维复合材料断裂试样研究了纤维应力分布，通过能量平衡原理评价了埋入于环氧树脂中的碳及氧化铝和 Nextel-610 纤维发生界面脱粘时的能量，认为界面破坏能量值与相同纤维/基体体系中得到的界面剪切强度有关。文献［50］结合荧光光谱研究了二维空间下 Nextel-610 纤维/环氧树脂复合材料中由纤维断裂导致的应力传递和再分配问题，认为复合材料失效行为是由于纤维断裂可引起纤维交互作用。断裂纤维与它相邻的完整纤维的应力再分配和由相邻纤维引起的应力集中，因此一个断口会引起其他更多断裂的发生。文献［51］研究了二维复合材料中由纤维断裂引起的应力集中，结果表明由断裂纤维所产生的应力以及应力再分配在复合材料失效过程中起着至关重要的作用，它们决定着复合材料完全失效的方式。Morais[52]提出了一种单向复合材料中沿断裂纤维的应力分布模型，该模型假设基体是完全弹塑性样式，并且界面剪切强度远高于基体的剪切屈服应力，界面脱粘作为局部剪切失效的结果，产生了拉伸测试中著名的滑移现象。沿着脱粘长度界面剪应力的减小是由泊松比和静摩擦引起的。基体出现屈服区域后才会出现脱粘，此时界面剪应力与基体剪切屈服应力相等。Ramirez 等[53]利用单纤维断裂实验改进了用以测定纤维/树脂界面断裂强度的力学模型。

单纤维断裂试验便于获取大量实验数据以作统计处理，这对于探索环境条件对复合材料界面力学性能的影响特别有利。但单纤维断裂测试对基体材料有一定的限制，通常要求其断裂应变要比纤维大三倍左右，同时基体要具有足够的韧性才能避免由于基体破坏而引起的纤维断裂。但纤维拉伸强度统计分布和基体力学性能对界面应力分布影响的研究仍有不足。

1.4　界面力学性能研究存在的问题

纤维增强复合材料界面力学性能研究中存在以下几个问题：

（1）纤维增强复合材料在纤维推出过程中，界面应力传递过程应该包含以下四个阶段：界面粘接完好；部分界面脱粘；界面完全脱粘；纤维推出。在应力传递过程中界面上的摩擦剪应力、粘结剪应力分布和脱粘长度等界面力学参数不断发展，相应地宏观拉拔力或应力也在发生改变。但到目前为止，由于界面应力传递的微尺度实验精细测量十分困难，大量的研究工作都未考虑这一阶段而直接给定粘结或脱粘界面应力分布的简单假设，很少有研究者能够考虑到实际纤维复合材料界面应力传递及失效过程。

（2）通常认为纤维/基体的界面应力传递是通过界面剪应力来完成的，在最大界面剪应力的位置发生界面脱粘，当施加于纤维上的拉力超过纤维、基体界面粘结力时，界面开始脱粘，在脱粘过程中，拉拔力不但要克服界面粘结力，还要克服脱粘界面上的摩擦力，当界面完全脱粘后，纤维的拔出只需要克服界面摩擦作用即可。在脱粘过程中界面剪应力的演化过程、摩擦剪应力和粘结剪应力在界面脱粘过程的作用，都是经典剪滞理论所没有考虑的[44]。同时以界面断裂能准则和界面剪切强度准则为理论依据建立的界面应力传递及脱粘失效模型[54]，大都假设界面脱粘区的剪应力为线性或非线性变化，忽略了界面对应力传递过程的影响，很少考虑实际纤维增强复合材料界面微力学特征参数的影响。

（3）通常使用微力学测试方法得到的界面剪切强度参数作为界面失效模型的一个重要特征参数，该参数表征界面综合粘结性能的平均值，它还不能完整地描述界面应力传递与界面脱粘失效的细节过程，需要更加精细的实验数据来实时定量地表征纤维/基体界面的微力学行为[55,56]。这就要求使用更加准确的界面特征参数（应力分布）来替代上述的平均值，以及在纤维/基体界面脱粘过程中尽可能分离出粘结剪应力和摩擦剪应力对界面剪切失效机制的各自贡献。现有的研究也表明纤维/基体界面的初始裂纹将造成剪应力的严重集中[57]。然而，多数研究工作都缺乏对界面应力传递和界面脱粘失效过程的完整性力学描述，其中一个非常重要的原因是缺少合适的微尺度下应力/应变精细测量技术和全场观测手段。

（4）目前纤维增强复合材料界面失效模型包括界面剪切强度准则和界面断裂能准则，其中断裂能控制的脱粘模型假设当能量释放率达到临界值后界面开始脱粘扩展，而界面应力控制的脱粘模型假设界面剪切强度在测试过程中始终保持定值，而且不依赖于裂纹长度。在以上的界面失效模型中，需要直接测定单纤维拉出测试中纤维上应力分布情况，同时考虑几何参数、脱粘长度、界面摩擦剪应力和界面热残余应力的共同影响下，建立应力沿着纤维方向的分布模型，得到脱粘力与界面剪切强度关系。然而目前建立在界面应力传递微力学实验测量基础上的界面应力传递及失效模型都还处于起步阶段，需要合适的微尺度精细测量方法和全场观测力学手段，提供更加充分的多尺度实验精细测量数据，进一步验证、发展和完善纤维增强复合材料应力传递及失效模型。

1.5 纤维增强复合材料层合板细观破坏研究现状

纤维增强复合材料层合板力学性能的缺点是层间性能远低于面内性能，尤其是层间抗剪切能力较差，成为层合板的薄弱部位和应用中的主要隐患。层合板宏观破坏起源于材料内部裂纹、纤维断裂和层间开裂等细观损伤的累积。文献[58]指出，损伤是各种工况下材料的微结构发生变化，引起微缺陷成胚、孕育、扩展和汇合，导致材料宏观力学性能的劣化，最终形成宏观开裂和材料破坏。复合材料层合板的细观损伤主要包括基体开裂、局部纤维断裂、纤维/基体界面脱粘和局部分层等。

1.5.1 基体开裂

基体横向开裂是层合板中最主要的细观破坏形式之一，已被广泛的试验和理论研究所验证。试验研究所用试样多采用正交铺设层合板,理论研究主要模拟基体裂纹的发生、扩展、倍增所引起的刚度降低等。Lem 等[59]在广义平面应变条件下用余能原理研究了基体裂纹尖端应力场,用能量释放率准则分析了基体裂纹向层间扩展的条件。文献[60]利用解析法和余能原理模拟了 0°和 90°纤维层同时发生基体横向开裂的情况及其对分层的影响。结果表明,在 0°/90°纤维层情况下,当 0°纤维层应力远小于层合板强度极限时,90°层已经发生基体开裂,而且迅速贯穿纤维层厚度和试件整个宽度,在层间处停止。当载荷继续增加时,基体裂纹密度加大,然后裂纹数量停止增长,达到一种饱和状态,并向邻近的 0°层扩展,引起 0°纤维断裂,直到层合板破坏。基体裂纹除了可能向邻近层中扩展之外,还可能向层间扩展。当相邻层纤维方向是±45°时,90°层发生基体裂纹的情况与上面类似。纤维断裂对于承载能力非常不利,因此改善层合板强度的途径之一是适当设计层间强度,将基体裂纹引向层间[61],并具有较高的层间断裂韧性阻碍分层发展。

基体横向开裂研究方法包括:自洽法、有限单元数值模拟、剪滞方法、基于能量原理(特别是余能原理)的解析法等。其研究主要分为两类,一类主要研究基体裂纹出现之后 90°层和相邻层的应力场和层间应力传递规律,目的为了预测裂纹扩展路径,分析基体开裂对分层、纤维断裂以及层合板刚度的直接影响;另一类研究分析基体裂纹的发生和裂纹密度变化规律。在基体开裂后应力传递发生改变,剪应力的影响尤为突出。文献[62~65]利用剪切滞后模型研究了基体横向开裂影响下的应力场分布情况,同时分析了裂纹倍增引起层合板刚度下降等问题。文献[66~68]分别从微观和宏观角度出发采用有限元法给出了横向裂纹的出现以及扩展过程。Yokozeki 等[69]通过试验方法研究 0°以及 90°纤维层内同时发生基体开裂并且裂纹之间发生交叉的情况,指出这种问题比单向裂纹更加复杂以及难以进行理论预测。文献[70]综合研究了 0°/90°正交铺设层合板同时在多种面内载荷作用下,基体开裂对其弹性性能的影响。

1.5.2　纤维断裂

复合材料沿主方向拉伸极易引起纤维断裂。单向层合板在拉力作用下的破坏过程与材料组分性质、纤维与基体粘结强度有关,因此基体开裂、纤维断裂和层间脱粘发生的顺序可以不同。当层合板由多种方向纤维层组成时,在拉伸载荷下发生破坏的形式常常是 0°层纤维断裂与层间分离[71]。Okabe 等[66]利用有限单元法综合考虑了 90°层基体开裂、0°纤维断裂以及层间分层 3 种损伤同时发生的情况,分析研究了基体裂纹密度与外载荷的关系,预测结果与试验结果相一致。

1.5.3　界面脱粘

复合材料中两相材料之间的交界面称为界面,界面的作用是将两相材料连接起来，传递两者间的正应力和剪应力。界面的性能决定了其是否能够有效地在基体和增强纤维之间传递应力，发挥其应有的功能。通常情况下，复合材料在载荷作用下要求有较强的界面粘结，以提高其整体承载能力。但众多研究表明，强界面在提高复合材料强度的同时以牺牲其韧性作为代价[72]。因此，设计合理的界面特性对复合材料承载至关重要。研究和改善界面特性、分析界面损伤行为及对材料性能和损伤失效的影响，是复合材料损伤和界面力学研究中长期关注的课题，其中包括纤维界面脱粘等。文献[73,74]通过细观模型研究了纤维与基体之间的应力传递特点、界面剪应力的分布情况、界面脱粘条件及纤维拉出等。文献[71]通过纤维表面处理后对复合材料力学性能的影响研究，得出了界面破坏取决于它的力学性能，在拉伸载荷作用下，脆性破坏通常发生于强界面粘结；逐渐开裂破坏则多发于中强界面并且伴有纤维被拉出；对于大规模的脱胶开裂、龟裂破坏等多见于弱界面粘结情况。实际界面性质有较大的分散性，因而给界面开裂的定量研究带来了众多困难，特别是在纤维被拉出过程中，界面发生脱粘以及脱粘后与界面之间的摩擦特性对于材料断裂韧性的影响都非常重要。文献[75~77]引入具有一定强度、刚度和断裂性能的界面相，在有限单元分析中以无厚度弹簧单元形式模拟了界面脱粘过程。

1.5.4 分层破坏

复合材料中相邻纤维层之间的富树脂区称为层间。由于单层板具有强烈的各向异性导致相邻两层在同一方向的力学性能可能相差十几倍，因此层间也是复合材料层合板破坏的主要位置。如前所述，层间的力学性能远远低于层合板层内性能，并且受到材料初始缺陷和弱界面等影响其承载可能更低。层间的作用主要是将不同方向的纤维层粘结在一起同时传递厚度方向的正应力和剪应力。层合板受面内载荷或横向载荷时，板内部的层间应力较小，但层间位于自由边或者孔边处，或受到低速冲击作用时，基体裂纹扩展到层间时，裂尖区发生明显的应力集中以及由于结构几何尺寸突变等原因导致面内应力急剧变化时，层间应力会非常大。因此，在承载过程中发生分层破坏[78]是层合板损伤的主要形式。

分层破坏是层合板承载时一种重要的损伤及失效形式，长期以来，无论在理论分析和数值模拟以及试验方面都引起越来越多研究者的关注。分层破坏主要包括两方面内容：一是分层的发生、发展以及对材料性能和结构强度、刚度的影响；二是如何防止分层发生和减缓裂纹扩展。最初分层研究的一个重要领域为分层引起的层合板局部屈曲及其相互作用，并且分层尖端多采用 Mindlin 直线假设[79~81]，但实际上裂尖区法线变形后更接近于折线而非直线情况。层间的断裂韧性是判断分层扩展和评价层间性能的基本参数，前面提到的基体裂纹损伤诱发分层等问题，也是众多研究的重要课题。文献[82]利用有限单元法分析了层间为富树脂区的层合板厚度对其断裂韧性的影响。Hu 等[83]利用三维有限元模拟层合板复杂的损伤过程，并且采用层间粘结单元模拟了界面分层现象。文献 [59，65，84~86] 分析横向基体裂纹引起层间分层的机理和影响因素，其中文献 [65，86] 采用有限单元模拟了层间应力场的变化情况。近几年来，层间分层研究更多集中于应用层间增韧方法研究层间增韧机理和效果。但由于层间尺寸较小，传统方法很难对其进行在线测试，因此对于分层的研究多局限于有限元模拟和理论方法研究，而此方面的细观实验研究鲜有报道。

综上所述，目前纤维增强复合材料层合板研究存在以下问题：（1）多数研究对象均为正交铺设层合板，加载方式多为面内单向拉伸，面内复杂的加载情况研究较少。（2）各种研究方法中，以剪滞法等理论研究较多，原因是载荷和代表性层合板单元比较简单，便于在解析计算过程研究参数影响，但是难以在复杂情况下应用。（3）多数研究的目的是探讨损伤机理和变化规律，算例和试验中所用层合板的纤维层常常是特殊设计的。（4）由于直接在线测试方法较少，并且较难实现，因此很少见该方面的细观实验研究。

参 考 文 献

[1] 倪礼忠，陈麒.复合材料科学与工程 [M].北京：科学出版社，2002.

[2] 鲁云，朱世杰，马鸣图，等.先进复合材料 [M].北京：机械工业出版社，2004.

[3] 曾庆敦.复合材料的细观破坏机制与强度 [M].北京：科学出版社，2002.

[4] 宋焕成，赵时熙.聚合物基复合材料 [M].北京：国防工业出版社，1986.

[5] 益小苏，杜善义，张立同.复合材料手册 [M].北京：化学工业出版社，2009.

[6] 郝元凯，肖加余.高性能复合材料学 [M].北京：化学工业出版社，2004.

[7] 黄玉东.聚合物表面与界面技术 [M].北京：化学工业出版社，2003.

[8] 戴琪，嵇醒.单纤维段裂试验评述 [J].力学进展，2006，21（3）：211~221.

[9] 亢一澜.界面力学若干问题的实验研究 [J].力学与实践，1999，21（3）：9~15.

[10] 胡福增.材料表面与界面 [M].上海：华东理工大学出版社，2008.

[11] 王荣国，武卫莉，谷万.复合材料概论 [M].哈尔滨：哈尔滨工业大学出版社，1999.

[12] Huang Z M. Micromechanical strength formulae of unidirectional composites [J]. Mater Lett, 1999, 40 (4): 164~169.

[13] Huang Z M. Micromechanical modeling of fatigue strength of unidirectional fibrous composites [J]. Int J Fatigue, 2002, 24 (6): 659~670.

[14] He J, Beyerlein I J, Clarke D R. Load transfer from broken fibers in continuous fiber Al$_2$O$_3$ composites and dependence on local volume fraction [J]. J Mech Phys Solids, 1999, 47 (3): 465~502.

[15] Takeda M, Imai Y, Ichikawa H. Thermal stability of SiC fiber prepared by an irradiation-

curing process [J]. Compos Sci Technol, 1999, 59 (6): 793~799.

[16] 许金泉. 界面力学 [M]. 北京: 科学出版社, 2006.

[17] Chandra N, Ghonem H. Interfacial mechanics of push-out tests: Theory and experiments [J]. Compos Part A Appl Sci Manuf, 2001, 32 (3~4): 575~584.

[18] Tandon G P, Pagano N J. Micromechanical analysis of the fiber push-out and re-push test [J]. Compos Sci Technol, 1998, 58 (11): 1709~1725.

[19] Day R J, Cauich Rodrigez J V. Investigation of the micromechanics of the microbond test [J]. Compos Sci Technol, 1998, 58 (6): 907~914.

[20] Miller B, Muri P RL. A microbial method for determination of the shear strength of a fiber/resin interface [J]. Composites, 1987, 18 (3): 267.

[21] Deng S, Ye L, Mai Y W, et. al. Evaluation of fibre tensile strength and fibre/matrix adhesion using single fibre fragmentation tests [J]. Compos Part A Appl Sci Manuf, 1998, 29 (4): 423~434.

[22] Kelly A TWR. Tensile properties of fiber-reinforced metal: copper-tungsten and copper-molybde-num [J]. J Mech Phys Solids, 1965, 28: 17~32.

[23] Sinclair R, Young RJ, Martin RDS. Determination of the axial and radial fibre stress distribu-tions for the Broutman test [J]. Compos Sci Technol, 2004, 64 (2): 181~189.

[24] Chua P S, Piggott M R. The glass fibre- polymer interface: III Pressure and coefficient of fric-tion [J]. Compos Sci Technol, 1985, 22 (3): 185~196.

[25] Jiang K R, Penn L S. Improved analysis and experimental evaluation of the single filament pull-out test [J]. Compos Sci Technol, 1992, 45 (2): 89~103.

[26] Hsueh C H, Young R J, Yang X, et. al. Stress transfer in a model composite containing a single embedded fiber [J]. Acta Mater, 1997, 45 (4): 1469~1476.

[27] Heppenstall B M, Bannister D J, Young R J. A study of transcrystalline polypropylene/single-aramid-fibre pull-out behaviour using Raman spectroscopy [J]. Compos Part A Appl Sci Manuf, 1996, 27 (9): 833~838.

[28] So C L, Young R J. Interfacial failure in poly (p-phenylene benzobisoxazole) (PBO)/epoxy single fibre pull-out specimens [J]. Young, 2001, 32: 445~455.

[29] Nairn J A. Analytical fracture mechanics analysis of the pull-out test including the effects of fric-tion and thermal stresses [J]. Adv Compos Lett, 2000, 9 (6): 373~383.

[30] Quek M Y, Yue C Y. Axisymmetric stress distribution in the single filament pull-out test [J]. Mater Sci Eng A, 1994, 189 (1~2): 105~116.

[31] Marotzke C, Qiao L. Interfacial crack propagation arising in single-fiber pull-out tests [J]. Compos Sci Technol, 1997, 57 (8): 887~897.

[32] Zhandarov S F, Pisanova E V. The local bond strength and its determination by f ragmentation and pull-out tests [J]. Compos Sci Technol, 1997, 57 (8): 957~964.

[33] Andersons J, Joffe R, Hojo M, et al. Glass fibre strength distribution determined by common experimental methods [J]. Compos Sci Technol, 2002, 62 (1): 131~145.

[34] Mandell J F, Chen J H, McGarry F J. A microdebonding test for in situ assessment of fibre/ma-

trix bond strength in composite materials [J]. Int J Adhes Adhes, 1980, 1 (1): 40~44.

[35] Correa E, Mantič V, París F. A micromechanical view of inter-fibre failure of composite materials under compression transverse to the fibres [J]. Compos Sci Technol, 2008, 68 (9): 2010~2021.

[36] Goutianos S, Peijs T, Galiotis C. Mechanisms of stress transfer and interface integrity in carbon/epoxy composites under compression loading Part I: Experimental investigation [J]. Int J Solids Struct, 2002, 39: 3217~3231.

[37] Xing Y M, Kishimoto S, Tanaka Y, et al. A Novel Method for Determining Interfacial Residual Stress in Fiberreinforced Composites [J]. J Compos Mater, 2004, 38 (2): 137~148.

[38] 杨序纲. 复合材料界面 [M]. 北京: 化学工业出版社, 2010.

[39] Kessler H. A fracture-mechanics model of the microbond test with interface friction [J]. Compos Sci Technol, 1999, 59 (15): 2231~2242.

[40] Craven J P, Cripps R, Viney C. Evaluating the silk/epoxy interface by means of the Microbond Test [J]. Compos Part A Appl Sci Manuf, 2000, 31 (7): 653~660.

[41] Ash J T, Cross W M, Svalstad D, et al. Finite element evaluation of the microbond test: Meniscus effect, interphase region, and vise angle [J]. Compos Sci Technol, 2003, 63 (5): 641~651.

[42] Kang S K, Lee D B, Choi N S. Fiber/epoxy interfacial shear strength measured by the microdroplet test [J]. Compos Sci Technol, 2009, 69 (2): 245~251.

[43] Shyng Y T, Bennett J A, Young R J, et al. Analysis of interfacial micromechanics of model composites using synchrotron microfocus X-ray diffraction [J]. J Mater Sci, 2006, 41 (20): 6813~6821.

[44] Cox H, L. The elasticity and strength of paper and other fibrous materials [J]. J Appl Phys, 1952, 3 (3): 72~79.

[45] Eichhorn S J, Young R J. Composite micromechanics of hemp fibres and epoxy resin microdroplets [J]. Compos Sci Technol, 2004, 64 (5): 767~772.

[46] Nairn J A. A variational mechanics analysis of the stresses around breaks in embedded fibers [J]. Mech Mater, 1992, 13 (2): 131~154.

[47] Young R J, Thongpin C, Stanford J L, et al. Fragmentation analysis of glass fibres in model composites through the use of Raman spectroscopy [J]. Compos Part A Appl Sci Manuf, 2001, 32 (2): 253~269.

[48] Kong K, Hejda M, Young R J, et al. Deformation micromechanics of a model cellulose/glass fibre hybrid composite [J]. Compos Sci Technol, 2009, 69 (13): 2218~2224.

[49] Yallee R B, Young R J. Evaluation of interface fracture energy for single-fibre composites [J]. Compos Sci Technol, 1998, 58 (12): 1907~1916.

[50] Mahiou H, Beakou A, Young R J. Investigation into stress transfer characteristics in alumina-fibre/epoxy model composites through the use of fluorescence spectroscopy [J]. J Mater Sci, 1999, 34: 6069~6080.

[51] Zhou X, Wagner H. Stress Concentrations Caused by Fiber Failure in Two-Dimensional Compos-

ites [J]. Compos Sci Technol, 1999, 59 (7): 1063~1071.

[52] Balacó de Morais A. Stress distribution along broken fibres in polymer-matrix composites [J]. Compos Sci Technol, 2001, 61 (11): 1571~1580.

[53] Ramirez F A, Carlsson L A, Acha B. A method to measure fracture toughness of the fiber/matrix interface using the single-fiber fragmentation test [J]. Compos Part A Appl Sci Manuf, 2009, 40 (6~7): 679~686.

[54] Zhou L M, Kim J K, Mai Y W. Interfacial debonding and fibre pull-out stresses - Part II A new model based on the fracture mechanics approach [J]. J Mater Sci, 1992, 27 (12): 3155~3166.

[55] Zhandarov S, Mäder E. Characterization of fiber/matrix interface strength: Applicability of different tests, approaches and parameters [J]. Compos Sci Technol, 2005, 65 (1): 149~160.

[56] Pisanova E, Zhandarov S, Mäder E, et. al. Three techniques of interfacial bond strength estimation from direct observation of crack initiation and propagation in polymer-fibre systems [J]. Compos Part A Appl Sci Manuf, 2001, 32 (3~4): 435~443.

[57] Daadbin A, Gamble A J, Sumner N D. The effect of the interphase and material properties on load transfer in fibre composites [J]. Composites, 1992, 23 (4): 210~214.

[58] 杨光松. 损伤力学与复合材料损伤 [M]. 北京: 国防工业出版社, 1995.

[59] Lem S H, Li S. Energy release rates for transverse cracking and delaminations induced by transverse cracks in laminated composites [J]. Compos Part A Appl Sci Manuf, 2005, 36 (11): 1467~1476.

[60] Rebière J L, Gamby D. A criterion for modelling initiation and propagation of matrix cracking and delamination in cross-ply laminates [J]. Compos Sci Technol, 2004, 64 (13~14): 2239~2250.

[61] Hoiseth K, Qu J. Cracking paths at the ply interface in a cross-ply laminate [J]. Compos Part B Eng, 2003, 34 (5): 437~445.

[62] Joffe R. Analytical modeling of stiffness reduction in symmetric and balanced laminates due to cracks in 90° layers [J]. Compos Sci Technol, 1999, 59 (11): 1641~1652.

[63] 曾庆敦, 张宁. 正交叠层板的多级横向开裂问题 [J]. 华南理工大学学报 (自然科学版), 2004, 32 (12): 30~33.

[64] 李相麟, 岳文霞. 正交层板受双向拉伸时的横向开裂 [J]. 南昌大学学报 (工科版), 2006, 28 (4): 390~393.

[65] Zhang C, Zhu T. On inter-relationships of elastic moduli and strains in crossply laminated composites [J]. Compos Sci Technol, 1996, 56 (2): 135~146.

[66] Okabe T, Nishikawa M, Takeda N. Numerical modeling of progressive damage in fiber reinforced plastic cross-ply laminates [J]. Compos Sci Technol, 2008, 68 (10~11): 2282~2289.

[67] Okabe T, Sekine H, Noda J, et al. Characterization of tensile damage and strength in GFRP cross-ply laminates [J]. Mater Sci Eng A, 2004, 383 (2): 381~389.

[68] Vejen N, Pyrz R. Transverse crack growth in glass/epoxy composites with exactly positioned long fibres. Part II: numerical [J]. Compos Part B Eng, 2002, 33 (4): 279~290.

[69] Yokozeki T, Ogasawara T, Ishikawa T. Evaluation of gas leakage through composite laminates with multilayer matrix cracks: Cracking angle effects [J]. Compos Sci Technol, 2006, 66 (15): 2815~2824.

[70] Kashtalyan M, Soutis C. Stiffness degradation in cross-ply laminates damaged by transverse cracking and splitting [J]. Compos Part A Appl Sci Manuf, 2000, 31 (4): 335~351.

[71] 冼杏娟, 李瑞义. 复合材料破坏分析及微观图谱 [M]. 北京: 科学出版社, 1993.

[72] Evans A G, Hutchinson J W. On the mechanics of delamination and spalling in compressed films [J]. Int J Solids Struct, 1984, 20 (5): 455~466.

[73] Fu S Y, Yue C Y, Hu X, et al. Analyses of the micromechanics of stress transfer in single- and multi-fiber pull-out tests [J]. Compos Sci Technol, 2000, 60 (4): 569~579.

[74] Xiao Y J, Xian G K. Micro-mechanical characteristics of fibre/matrix interfaces in composite materials [J]. Compos Sci Technol, 1999, 59 (5): 635~642.

[75] Fitoussi J. Guo G, Baptiste D. A statistical Micromechanical Model of Anisotropic Damage for S . M . C . Composites [J]. Compos Sci Technol, 1998, 58 (5): 759~763.

[76] Ananth C R, Chandra N. Effect of fiber fracture and interfacial debonding on the evolution of damage in metal matrix composites [J]. Compos Sci Technol. Compos Part A, 1998, 29A: 1203~1211.

[77] Prikryl R, Cech V, Balkova R, ea al. Functional interlayers in multiphase materials [J]. Surf Coatings Technol, 2003, 174~175: 858~862.

[78] Hassan N M, Batra R C. Modeling damage in polymeric composites [J]. Compos Part B Eng, 2008, 39 (1): 66~82.

[79] Evans A G, Hutchinson J W. On the mechanics of Delamination and spalling in compressed films [J]. Int J Solids Struct, 1984, 20 (5): 455~466.

[80] Wan L Y. Axisymmetric buckling and growth of a circular delamination in a compressed laminate [J]. Int J Solids Struct, 1985, 21 (5): 503~514.

[81] Cochelin B, Potier F M. A numerical model for buckling and growth of delaminations in composite laminates [J]. Comput Methods Appl Mech Eng, 1991, 89 (1~3): 361~380.

[82] Agrawal A, Jar P B. Analysis of specimen thickness effect on interlaminar fracture toughness of fibre composites using finite element models [J]. Compos Sci Technol, 2003, 63: 1393~1402.

[83] Hu N, Zemba Y, Fukunaga H, et al. Stable numerical simulations of propagations of complex damages in composite structures under transverse loads [J]. Compos Sci Technol, 2007, 67 (3~4): 752~765.

[84] Choi S, Sankar B V. Fracture toughness of transverse cracks in graphite/epoxy laminates at cryogenic conditions [J]. Compos Part B Eng, 2007, 38 (2): 193~200.

[85] 张明, 安学锋. 航空级复合材料层板的定域相变控制与增韧研究进展 [J]. 中国材料进展, 2009, 28 (6): 13~18.

[86] Berthelot J M, Le C J. A model for transverse cracking and delamination incross-ply laminates [J]. Compos Sci Technol, 2000, 60 (7): 1055~1066.

2 实验方法及原理

<<<<<<<<<<<<<<<<<<<<<<<<<<<<<<<<<<<<<<<<<<<<<<<<<<<<<<<<<<<<<<<

随着现代实验力学技术的不断发展，越来越多的实验方法被应用于复合材料力学性能测试中，其中主要包括云纹干涉法（moiré interferency）[1~3]、电子束云纹法（electron moiré method）[4~7]、纳米压痕法（nanoindentation）[8,9]，以及几何相位分析法（geometric phase analysis）[10~13]等。

2.1　云纹干涉法

云纹干涉法是一种具有非接触测量、全场、实时进行位移分析的高灵敏度大量程的光学测量方法。该方法以被测试样表面高灵敏度云纹光栅为变形传感器，利用光栅的衍射原理形成条纹图而用于变形场的测量。云纹干涉法可实现面内位移、离面位移以及三维位移同时测量，已被广泛应用于应变分析和复合材料力学、断裂力学、残余应力测试方面。

2.1.1　双缝衍射

当一束激光垂直投射具有两个很接近的狭缝时，在远处屏幕上会出现明暗相间的干涉条纹，即杨氏条纹，如图 2-1 所示。

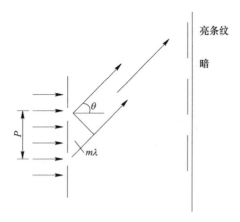

图 2-1　双缝衍射光路（正入射）

当光通过相邻两狭缝后沿某方向光波的光程差为一个波长时，屏幕上该处的光被加强，其上将出现一级衍射亮条纹。当光程差相差 m 个波长时，则为 m 级衍射条纹。根据几何关系，m 级衍射方程为：

$$P\sin\theta_m = m\lambda \qquad (2\text{-}1)$$

当光束以 φ 角入射双缝时，如图 2-2 所示。可得到 m 级衍射方程为：

$$P(\sin\varphi + \sin\theta_m) = m\lambda \qquad (2\text{-}2)$$

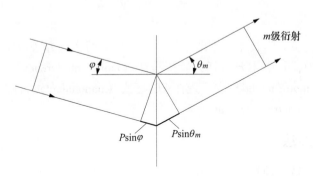

图 2-2　双缝衍射光路（斜入射）

2.1.2　光栅衍射方程

光栅衍射的机理与狭缝衍射相似，其衍射方程也与双缝衍射方程相同。但云纹干涉法所用的光栅为反射式光栅，其各级衍射光波与入射波都在光栅的同一侧，如图 2-3 所示。其光栅衍射方程为：

$$\sin\varphi + \sin\theta_m = m\lambda f \qquad (2\text{-}3)$$

式中，f 为光栅的频率，$f=1/P$，通常使用的光栅频率为 1200 线/mm（或 2400 线/mm）。当衍射光方向与入射光方向处于光栅平面法线方向同一侧时，式中的 θ_m 取正号，反之取负号。

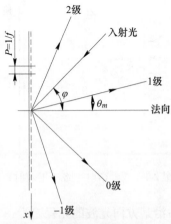

图 2-3　光栅衍射原理示意图

2.1.3 全息光栅

当两束准直的激光束 1 和 2 以一定的角度 2γ 在空间相交时，在其相交的重叠区域将产生一个稳定的具有一定空间频率 f、栅距为 P 的空间虚栅，如图 2-4 所示。

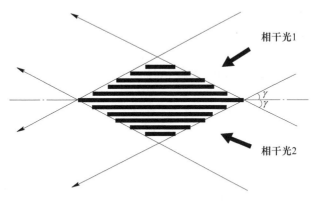

图 2-4　空间虚栅形成示意图

虚栅的频率 f 与激光波长 λ 和两束激光的夹角 2γ 的关系为：

$$f\lambda = 2\sin\gamma \qquad (2\text{-}4)$$

将涂有感光乳胶的全息干板置于空间虚栅场中，经曝光后，干板上将记录下频率为 f 的平行等距干涉条纹。经过显影以后的底板，将形成波浪形表面，如图 2-5 所示。

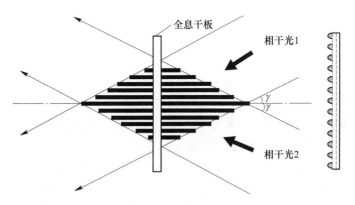

图 2-5　位相型全息光栅的制作原理图

这个波浪形表面便构成了频率为 f 的位相型全息光栅。将它作为模板，可以在试件上复制相同频率的位相型试件栅。使全息干板转动 90° 进行两次曝光，可得到正交型全息光栅，则可用于二维面内位移场和应变场测量。试件栅频率 f 通常为 1200 线/mm、600 线/mm 和 2400 线/mm。

2.1.4　面内位移与光程变化之间的几何关系

两束波长为 λ 的平面波 A 光和 B 光对称地投射到光栅频率为 f 的试件栅上，入射角为 α。根据光栅衍射方程式（2-3），其中入射角为 α、波长为 λ 和光栅频率为 f，并且使两束光的一级衍射光波（$m=1$）沿试件栅的法线方向（$\theta_m = 0°$）衍射，则方程（2-3）可简化为：

$$\sin\alpha = \lambda f \tag{2-5}$$

光程差 Δ 和试件表面的面内位移之间的几何关系如图 2-6 所示。

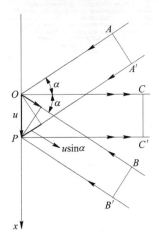

图 2-6　面内位移与光程变化之间的几何关系

试件表面变形以前，两束入射光波和一级衍射波分别为 AOC 和 BOC，其光程相等，光程差为零。即

$$AO + OC = BO + OC \tag{2-6}$$

当试件产生变形后，O 点产生 x 方向的位移 u 到达 P 点，对应于该点的入射波为 $A'P$ 和 $B'P$，以及衍射波 PC'，则产生与位移有关的光程差 Δ。根据图 2-6 所示的几何关系，可导出光程差 Δ 与位移 u 的关系为：

$$\Delta = (A'P + PC') - (B'P + PC') = 2u\sin\alpha \tag{2-7}$$

将式（2-6）代入式（2-7）中，并用波长的倍数（即干涉条纹级数 N），来表示光程差 Δ，即

$$\Delta = N\lambda \tag{2-8}$$

则可建立位移 u 和干涉条纹级数 N 以及光栅频率 f 的关系为：

$$u = N/2f \tag{2-9}$$

如果试件栅为正交型光栅，将试件或光路系统围绕法线方向旋转 90°，则可获

得沿 y 方向的面内位移干涉条纹图。通常的云纹干涉仪同时具有 x 和 y 方向两套光路系统，因而很容易获得沿 x 和 y 方向的两组干涉条纹图。令 N_x 和 N_y 分别代表 x 和 y 方向的面内位移干涉条纹图的条纹级数，则可由下式求得面内位移 u 和 v：

$$u = N_x/2f \tag{2-10}$$

$$v = N_y/2f \tag{2-11}$$

若在云纹干涉法实验中用频率为 1200 线/mm（其光栅节距为 $0.833\,\mu m$）的光栅，则由式（2-10）和式（2-11）可以得到：

$$u = N_x \times (P/2) = 0.417N_x(\mu m) \tag{2-12}$$

$$v = N_y \times (P/2) = 0.417N_y(\mu m) \tag{2-13}$$

以上两式表明：当试件栅的频率 f 为 1200 线/mm 时，一级干涉条纹代表 $0.417\,\mu m$ 的位移量，这恰好为试件栅光栅节距的一半，也就是说，当试件栅位移半个栅距时，它所对应的云纹图将变为一级干涉条纹。云纹干涉法的灵敏度通常为试件栅光栅节距的一半。

设试件表面所在平面为 x-y 平面，该面内的线应变和剪应变分别为 ε_x，ε_y，γ_{xy}。根据位移和应变的关系可得：

$$\varepsilon_x = \frac{\partial u}{\partial x} \tag{2-14}$$

$$\varepsilon_y = \frac{\partial v}{\partial y} \tag{2-15}$$

$$\gamma_{xy} = \frac{\partial u}{\partial y} + \frac{\partial v}{\partial x} \tag{2-16}$$

若用相应的位移增量和条纹级数增量形式来表示，只需把式（2-10）与式（2-11）代入以上三式，可得：

$$\varepsilon_x = \frac{\Delta u}{\Delta x} = \frac{1}{2f}\frac{\Delta N_x}{\Delta x} \tag{2-17}$$

$$\varepsilon_y = \frac{\Delta v}{\Delta y} = \frac{1}{2f}\frac{\Delta N_y}{\Delta y} \tag{2-18}$$

$$\gamma_{xy} = \frac{\Delta u}{\Delta y} + \frac{\Delta v}{\Delta x} = \frac{1}{2f}\left(\frac{\Delta N_x}{\Delta t} + \frac{\Delta N_y}{\Delta x}\right) \tag{2-19}$$

这样，根据两组条纹级数沿 x 和 y 方向的变化率便可以求得三个应变分量的分布。

为了简单起见，也可以用相邻条纹的间距来近似地表示该位置的应变。可以设 a_x，a_y，b_x，b_y 分别代表 u 场条纹图相邻条纹 x 和 y 方向的条纹间距、v 场条纹图相邻条纹 x 和 y 方向的条纹间距，因相邻两级条纹之间条纹级数差 $\Delta N = 1$，则式（2-17）、式（2-18）和式（2-19）分别近似地表示为：

$$\varepsilon_x \cong \frac{1}{2fa_x} \tag{2-20}$$

$$\varepsilon_y \cong \frac{1}{2fb_y} \tag{2-21}$$

$$\gamma_{xy} \cong \frac{1}{2f}\left[\frac{1}{a_y} + \frac{1}{b_x}\right] \tag{2-22}$$

2.1.5   云纹干涉法理论推导

云纹干涉法基本光路是由 Post 等人倡导的双光束对称入射试件栅光路，如图 2-7 所示。对称于试件栅法向入射的两束相干准直光束在试件表面的交汇区域内形成频率为试件栅两倍的空间虚栅，当试件受载变形时，粘贴在试件表面的试件栅也随之变形，变形后的试件栅与作为基准的空间虚栅相互作用形成云纹图，该云纹图即为沿虚栅主方向的面内位移等值线。

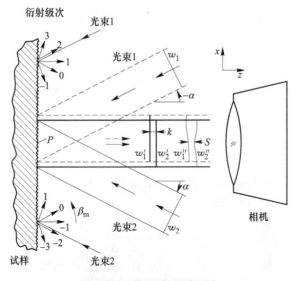

图 2-7   云纹干涉法原理图

云纹干涉法的本质是从试件栅衍射出的翘曲波前相互干涉，产生代表位移等值线的干涉条纹。戴福隆等人从光的波前干涉理论出发对云纹干涉法进行了严格的理论推导和解释[14,15]。当两束相干准直光 A、B 以入射角 $\alpha = \arcsin(\lambda f)$ 对称入射试件栅时，则将获得沿试件表面法向传播光波 A 的正一级衍射光波 A' 和 B 的负一级衍射光波 B'。当试件未受力时，A' 和 B' 均为平面光波：

$$\begin{cases} A' = a\exp[\mathrm{i}\varphi_a] \\ B' = a\exp[\mathrm{i}\varphi_b] \end{cases} \tag{2-23}$$

式中，φ_a，φ_b 为常数。

当试件受力变形后，平面光波 A' 和 B' 变为和试件表面位移有关的翘曲波前，其位相也将发生相应的变化，翘曲波前可表示为：

$$\begin{cases} A_1' = a\exp[\,\mathrm{i}(\varphi_a + \varphi_a(x,\ y)\,] \\ B_1' = a\exp[\,\mathrm{i}(\varphi_b + \varphi_b(x,\ y)\,] \end{cases} \quad (2\text{-}24)$$

式中，$\varphi_a(x,\ y)$，$\varphi_b(x,\ y)$ 分别为变形引起的正负一级衍射光波的位相变化，它们与试件表面 x 方向的位移 u 和 z 方向的位移 w 有如下关系：

$$\begin{cases} \varphi_a(x,\ y) = \dfrac{2\pi}{\lambda}[\,w(1 + \cos\theta) - u\sin\alpha\,] \\[2mm] \varphi_b(x,\ y) = \dfrac{2\pi}{\lambda}[\,w(1 + \cos\theta) + u\sin\alpha\,] \end{cases} \quad (2\text{-}25)$$

正负一级衍射光波在像平面上发生干涉，其光强分布为：

$$I = (A_1' + B_1')(A_1' + B_1') = 2a^2\{1 + \cos[\,a + \delta(x,\ y)\,]\} \quad (2\text{-}26)$$

式中，$a = \varphi_a - \varphi_b$ 为常数，$\delta(x,\ y) = \varphi_a(x,\ y) - \varphi_b(x,\ y) = \dfrac{4\pi}{\lambda}u\sin\alpha$，$a$ 可等价于刚体位移产生的位相差。若用条纹级数 N_x 表示相对光程变化，并考虑到光程差与位相差之间的关系，即：

$$\Delta(x,\ y) = N_x\lambda = \frac{\lambda}{2\pi}\delta(x,\ y) \quad (2\text{-}27)$$

则有：

$$u = \frac{N_x\lambda}{2\sin\alpha} = \frac{N_x}{2f} \quad (2\text{-}28)$$

同样地，可以得到位移表达式：

$$v = \frac{N_y}{2f} \quad (2\text{-}29)$$

根据位移场进行数值微分即可计算出应变场：

$$\begin{cases} \varepsilon_x = \dfrac{\partial u}{\partial x} = \dfrac{1}{2f}\dfrac{\partial N_x}{\partial x} \approx \dfrac{1}{2f}\dfrac{\Delta N_x}{\Delta x} \\[2mm] \varepsilon_y = \dfrac{\partial v}{\partial y} = \dfrac{1}{2f}\dfrac{\partial N_y}{\partial y} \approx \dfrac{1}{2f}\dfrac{\Delta N_y}{\Delta y} \\[2mm] \gamma_{xy} = \dfrac{\partial u}{\partial y} + \dfrac{\partial v}{\partial x} = \dfrac{1}{2f}\left(\dfrac{\partial N_x}{\partial y} + \dfrac{\partial N_y}{\partial x}\right) \approx \dfrac{1}{2f}\left(\dfrac{\Delta N_x}{\Delta y} + \dfrac{\Delta N_y}{\Delta x}\right) \end{cases} \quad (2\text{-}30)$$

式中，N_x，N_y 为条纹级数，f 为光栅频率。

2.2 电子束云纹法

受到制栅技术所使用的激光波长的限制，云纹干涉法的光栅频率很难进一步得到提高，因此 Kishimoto 和 Dally 等人提出具有更高的位移测量灵敏度的电子束云纹法。电子束云纹法是一种新的全场位移测量方法，该方法具有传统云纹法以及云纹干涉法的主要特征，又具有高灵敏度的微区形变测量能力。除此之外，通过改变试样栅频率，电子束云纹的变形测试范围可以从 25μm 到 100nm。

电子束云纹法的基本原理如图 2-8 所示。首先利用电子束、离子束刻蚀技术或者纳米压印等技术在样品表面制备出光栅，该光栅被称为试样栅，而把电子束或者离子束的扫描形式作为参考栅。扫描电子束或者离子束与试样栅激发出的二次电子叠加产生用于变形测量的摩尔条纹，如果观察摩尔条纹图的系统为 SEM，该方法被命名为 SEM 摩尔法，如果是 FIB 则成为 FIB 摩尔法。试样栅为正交栅时，u 场（x 方向位移）和 v 场（y 方向位移）的摩尔条纹可通过将试样栅旋转 90°得到。

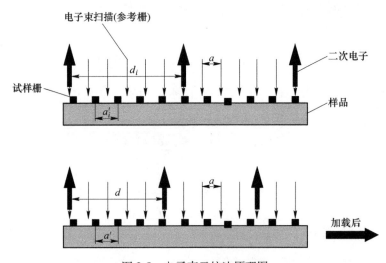

图 2-8　电子束云纹法原理图

根据云纹的形成原理，参考栅透射函数表示为[16]：

$$t_{\mathrm{r}}(y) = A_0 + A_1\cos\frac{2\pi}{T_{\mathrm{r}}}y \tag{2-31}$$

式中，A_0、A_1 为常数。

假设变形前试样栅的栅距为 T_{r}，则试样栅的透射函数可以表示为：

$$t_{\mathrm{s}}(x,\ y) = B_0 + B_1\cos[y - v(x,\ y)] \tag{2-32}$$

式中，$v(x,\ y)$ 表示物体沿 y 轴方向的位移；B_0 和 B_1 为常数。

云纹的透射函数可以表示为：

$$t(x,\ y) = t_{\mathrm{r}}(y) \cdot t_{\mathrm{s}}(x,\ y) = A_0B_0 +$$

$$A_0B_1\cos\frac{2\pi}{p_{\mathrm{r}}}[y - v(x,\ y)] + B_0A_1\cos\frac{2\pi}{p_{\mathrm{r}}}y +$$

$$A_1 B_1 \cos \frac{2\pi}{p_r} y \cdot \cos \frac{2\pi}{p_r} [y - v(x, y)] \tag{2-33}$$

对于同一扫描电子显微镜下，参考栅与试样栅的常数均相同，$A_0 = B_0$，$A_1 = B_1$，公式（2-33）可简化为：

$$t(x, y) = t_r(y) \cdot t_s(x, y) = A_0^2 +$$

$$A_0 A_1 \cos \frac{2\pi}{p_r} [y - v(x, y)] + A_0 A_1 \cos \frac{2\pi}{p_r} y + \frac{A_1^2}{2} \cos \frac{2\pi}{p_r} [2y - v(x, y)] +$$

$$\frac{A_1^2}{2} \cos \frac{2\pi}{p_r} v(x, y) \tag{2-34}$$

式中，第一项为背景光；第二、第三项分别对于试件栅和参考栅；第四项为倍频试样栅；第五项为云纹光强分布。将高频项滤掉，则方程可简化为：

$$t(x, y) \approx \frac{A_1^2}{2} \cos \frac{2\pi}{p_r} v(x, y) \tag{2-35}$$

当 $v(x, y) = m_v p_r$，$m_v = 0, 1, 2, 3$ 时，函数 $t(x, y)$ 取最大值，此时对应于亮条纹。

从式（2-32）可知：

$$v(x, y) = m_v p_r = \frac{m_v}{f_r} \tag{2-36}$$

同样，u 场云纹图中：

$$u(x, y) = m_u p_r = \frac{m_u}{f_r} \tag{2-37}$$

式中，$u(x, y)$ 为 x 方向位移；m_u、m_v 为 u 场和 v 场条纹级数。由式（2-36）、式（2-37）计算得应变如下：

$$\begin{cases} \varepsilon_{xx} = \dfrac{\partial u}{\partial x} = \dfrac{\partial m_u}{\partial x} \cdot p_r \approx \dfrac{\Delta m_u}{\Delta x} \cdot p_r \\[2mm] \varepsilon_{yy} = \dfrac{\partial v}{\partial y} = \dfrac{\partial m_v}{\partial y} \cdot p_r \approx \dfrac{\Delta m_v}{\Delta y} \cdot p_r \\[2mm] \gamma_{xy} = \dfrac{\partial u}{\partial y} + \dfrac{\partial v}{\partial x} \approx \left(\dfrac{\Delta m_u}{\Delta y} + \dfrac{\Delta m_v}{\Delta x} \right) \cdot p_r \end{cases} \tag{2-38}$$

若变形前试样栅和参考栅栅距相等，即 $p_r = p_s$，则面内应变 ε_{xx}，ε_{yy} 和 γ_{xy} 可由式（2-38）给出。这里 a 为试样栅栅距（假设 $a' = a$，a' 为试样栅原始栅距），d_x 为 u 场 x 方向相邻摩尔条纹间距，d_y 为 v 场 y 方向相邻摩尔条纹间距，d_{xy} 和 d_{yx} 分别为 u 场 y 方向相邻摩尔条纹间距和 v 场 x 方向相邻摩尔条纹间距。$\dfrac{\partial u}{\partial x}$ 和 $\dfrac{\partial v}{\partial y}$ 的符号通过旋转试样栅得到，如果摩尔条纹与试样旋转方向相同，则 $\dfrac{\partial u}{\partial x}$ 和 $\dfrac{\partial v}{\partial y}$ 取

负号，否则取正号。$\frac{\partial u}{\partial y}$ 和 $\frac{\partial v}{\partial x}$ 的符号通过条纹在坐标系中的方向确定，如果 u 场或 v 场的摩尔条纹的正切角位于第一或者第三象限，则 $\frac{\partial u}{\partial y}$ 和 $\frac{\partial u}{\partial x}$ 或者 $\frac{\partial v}{\partial x}$ 和 $\frac{\partial v}{\partial y}$ 符号相反；如果 u 场或 v 场的摩尔条纹的正切角位于第二或者第四象限，则 $\frac{\partial u}{\partial y}$ 和 $\frac{\partial u}{\partial x}$ 或者 $\frac{\partial v}{\partial x}$ 和 $\frac{\partial v}{\partial y}$ 符号相同。

若变形前试样栅和参考栅栅距 $p_s \neq p_r$，将会产生初始载波云纹。使用载波云纹法可以衡量所制备光栅的质量以及精度；而使用载波云纹计算试样变形的实际应变时，应在变形云纹中减去初始载波云纹。实际应变如下：

$$\begin{cases} \varepsilon_{xx} = \varepsilon_{xx}^1 - \varepsilon_{xx}^0 \approx \left(\frac{\Delta m_u^1}{\Delta x^1} - \frac{\Delta m_u^0}{\Delta x^0}\right) \cdot p_r \\ \varepsilon_{yy} = \varepsilon_{yy}^1 - \varepsilon_{yy}^0 \approx \left(\frac{\Delta m_v^1}{\Delta y^1} - \frac{\Delta m_v^0}{\Delta y^0}\right) \cdot p_r \\ \gamma_{xy} = \gamma_{xy}^1 - \gamma_{xy}^0 \approx \left(\frac{\Delta m_u^1 - \Delta m_u^0}{\Delta y} + \frac{\Delta m_v^1 - \Delta m_v^0}{\Delta v}\right) \cdot p_r \end{cases} \tag{2-39}$$

式中，变量上标 0 和 1 分别表示变形前后的状态。

2.3 几何相位分析法

电子显微图像可以分解为不同晶面组的晶格条纹像，这些晶格条纹像的交叉点处就对应于沿着电子束入射方向的原子柱或原子柱在该方向上的投影，在高分辨电子显微图像中，测量变形就是测量这些原子柱的相对位置及位置变化。几何相位分析就是从一幅高分辨电子显微图像中提取两组不同晶面组的晶格云纹图像并计算其相位图，再根据相位与变形场的关系得到每组晶面的变形量，最后利用弹性理论把两组晶面变形量合成为平面内全场变形量。

一幅完整晶体的电子显微图像可用傅里叶级数展开为：

$$I(\boldsymbol{r}) = \sum_g H_g(\boldsymbol{r}) e^{2\pi i \boldsymbol{g} \cdot \boldsymbol{r}} \tag{2-40}$$

式中，$I(\boldsymbol{r})$ 为图像中位置 $\boldsymbol{r}$ 处的强度；$\boldsymbol{g}$ 为未变形晶格的倒格矢；$H_g(\boldsymbol{r})$ 为局部傅里叶系数。$H_g(\boldsymbol{r})$ 可在傅立叶空间通过滤波得到，可以写做：

$$H_g(\boldsymbol{r}) = A_g(\boldsymbol{r}) e^{iP_g(\boldsymbol{r})} \tag{2-41}$$

式中，幅值 $A_g(\boldsymbol{r})$ 描述了晶格条纹的局部衬度；相位 $P_g(\boldsymbol{r})$ 描述了晶格条纹的位置。

把式（2-40）按照式（2-41）定义的相位 P_g 和幅度 A_g 来表示，同时将其应用到一幅傅里叶系数具有共轭对称的实图像中，可得到下式：

$$I(\boldsymbol{r}) = A_0 + \sum_{g>0} 2A_g \cos(2\pi \boldsymbol{g} \cdot \boldsymbol{r} + P_g) \tag{2-42}$$

这是实型函数的傅里叶变换的另一种写法。由式（2-42）可得一组特定晶格条纹的强度图像 $B_g(\boldsymbol{r})$：

$$B_g(\boldsymbol{r}) = 2A_g(\boldsymbol{r})\cos[2\pi\boldsymbol{g}\cdot\boldsymbol{r} + P_g] \tag{2-43}$$

这是对原始图像进行布拉格滤波产生的图像（在傅里叶变换图像中的 $\pm\boldsymbol{g}$ 衍射斑点附近放置掩模），在晶格条纹存在变形时，共轭对称关系仍然成立，即：

$$H_{-g}(\boldsymbol{r}) = H_g^*(\boldsymbol{r}) \tag{2-44}$$

布拉格滤波采用如下布里渊区掩模：

$$\begin{cases} \widetilde{M}(k) = 1，第一布里渊区内 \\ \widetilde{M}(k) = 0，第一布里渊区外 \end{cases} \tag{2-45}$$

则布拉格滤波后图像可以表示为：

$$B_g(\boldsymbol{r}) = 2A_g(\boldsymbol{r})\cos[2\pi\boldsymbol{g}\cdot\boldsymbol{r} + P_g(\boldsymbol{r})] \tag{2-46}$$

式（2-46）是几何相位图像概念的出发点。此处我们只考察相位图像 $P_g(\boldsymbol{r})$。

根据缺陷动力学散射理论，晶体缺陷附近存在位移场 $\boldsymbol{u}$：$\boldsymbol{r}\rightarrow\boldsymbol{r}-\boldsymbol{u}$。则根据式（2-43）有：

$$B_g(\boldsymbol{r}) = 2A_g(\boldsymbol{r})\cos[2\pi\boldsymbol{g}\cdot\boldsymbol{r} - 2\pi\boldsymbol{g}\cdot\boldsymbol{u} + P_g] \tag{2-47}$$

将式（2-47）和式（2-46）作比较，并且忽略任意常数相位 P_g，可得：

$$P_g(\boldsymbol{r}) = -2\pi\boldsymbol{g}\cdot\boldsymbol{u}(\boldsymbol{r}) \tag{2-48}$$

式（2-48）给出了位移场 $\boldsymbol{u}(\boldsymbol{r})$ 与几何相位 $P_g(\boldsymbol{r})$ 之间的关系，它是几何相位分析的核心。如果已知几何相位 $P_g(\boldsymbol{r})$，就可以通过式（2-48）计算出位移场 $\boldsymbol{u}(\boldsymbol{r})$。

具体操作时，首先计算电子显微图像强度 $I(\boldsymbol{r})$ 的功率谱，将功率谱中心点指向一个衍射斑点的矢量选作倒格矢 $\boldsymbol{g}$，然后做布拉格滤波，这等价于在式（2-40）中只选择一项，滤波之后得到的反傅里叶变换复数图像为：

$$H_g'(\boldsymbol{r}) = A_g(\boldsymbol{r})e^{2\pi i\boldsymbol{g}\cdot\boldsymbol{r}+iP_g(\boldsymbol{r})} \tag{2-49}$$

布拉格滤波图像强度 $B_g(\boldsymbol{r})$、振幅 $A_g(\boldsymbol{r})$ 和几何相位 $P_g(\boldsymbol{r})$ 都可通过该图像计算，具体如下：

$$B_g(\boldsymbol{r}) = 2\mathrm{Re}[H_g'(\boldsymbol{r})] \tag{2-50}$$

$$A_g(\boldsymbol{r}) = \mathrm{Mod}[H_g'(\boldsymbol{r})] \tag{2-51}$$

$$P_g(\boldsymbol{r}) = \mathrm{Phase}[H_g'(\boldsymbol{r})] - 2\pi\boldsymbol{g}\cdot\boldsymbol{r} \tag{2-52}$$

$$P_g'(\boldsymbol{r}) = \mathrm{Phase}[H_g'(\boldsymbol{r})] \tag{2-53}$$

式中，Re 表示实部；$P_g'(\boldsymbol{r})$ 表示原始几何相位图像。

在实际应用中，在倒空间中使用的掩模并不是式（2-45）定义的布里渊区掩模，为了降低噪声和平滑图像，常使用 Gaussian 掩模：

$$\widetilde{M}(k) = \exp\left(-4\pi \frac{k^2}{g^2}\right) \qquad (2\text{-}54)$$

由式（2-48）可知，相位图 $P_g(\boldsymbol{r})$ 给出了倒格矢 $\boldsymbol{g}$ 方向的位移场 $\boldsymbol{u}(\boldsymbol{r})$ 的分量，因此可以通过联合两组晶格条纹的相位信息就可以计算出矢量位移场（假设倒格矢 $\boldsymbol{g}_1$ 和 $\boldsymbol{g}_2$ 不共线）。根据式（2-48）可得：

$$P_{g1}(\boldsymbol{r}) = -2\pi \boldsymbol{g}_1 \cdot \boldsymbol{u}(\boldsymbol{r}) = -2\pi[\boldsymbol{g}_{1x}u_x(\boldsymbol{r}) + \boldsymbol{g}_{1y}u_y(\boldsymbol{r})] \qquad (2\text{-}55)$$

$$P_{g2}(\boldsymbol{r}) = -2\pi \boldsymbol{g}_2 \cdot \boldsymbol{u}(\boldsymbol{r}) = -2\pi[\boldsymbol{g}_{2x}u_x(\boldsymbol{r}) + \boldsymbol{g}_{2y}u_y(\boldsymbol{r})] \qquad (2\text{-}56)$$

上面两式可以表示为矩阵形式：

$$\begin{pmatrix} P_{g1} \\ P_{g2} \end{pmatrix} = -2\pi \begin{pmatrix} \boldsymbol{g}_{1x} & \boldsymbol{g}_{1y} \\ \boldsymbol{g}_{2x} & \boldsymbol{g}_{2y} \end{pmatrix} \begin{pmatrix} u_x \\ u_y \end{pmatrix} \qquad (2\text{-}57)$$

所以位移场的矩阵形式可表示为：

$$\begin{pmatrix} u_x \\ u_y \end{pmatrix} = -\frac{1}{2\pi} \begin{pmatrix} \boldsymbol{g}_{1x} & \boldsymbol{g}_{1y} \\ \boldsymbol{g}_{2x} & \boldsymbol{g}_{2y} \end{pmatrix}^{-1} \begin{pmatrix} P_{g1} \\ P_{g2} \end{pmatrix} \qquad (2\text{-}58)$$

引入由倒格矢 $\boldsymbol{g}_1$ 和 $\boldsymbol{g}_2$ 定义的实空间晶格中的基矢量 $\boldsymbol{a}_1$ 和 $\boldsymbol{a}_2$，令

$$\boldsymbol{A} = \begin{pmatrix} a_{1x} & a_{2x} \\ a_{1y} & a_{2y} \end{pmatrix}, \quad \boldsymbol{G} = \begin{pmatrix} g_{1x} & g_{2x} \\ g_{1y} & g_{2y} \end{pmatrix}$$

则有 $\boldsymbol{G}^{\mathrm{T}} = \boldsymbol{A}^{-1}$（这里的 T 表示矩阵的转置），将 $\boldsymbol{A}$ 和 $\boldsymbol{G}$ 代入式（2-58）得：

$$\begin{pmatrix} u_x \\ u_y \end{pmatrix} = -\frac{1}{2\pi} \begin{pmatrix} a_{1x} & a_{2x} \\ a_{1y} & a_{2y} \end{pmatrix} \begin{pmatrix} P_{g1} \\ P_{g2} \end{pmatrix} \qquad (2\text{-}59)$$

式（2-59）对应的矢量形式为：

$$\boldsymbol{u}(\boldsymbol{r}) = -\frac{1}{2\pi}[P_{g1}(\boldsymbol{r})\boldsymbol{a}_1 + P_{g2}(\boldsymbol{r})\boldsymbol{a}_2] \qquad (2\text{-}60)$$

可见，根据式（2-60），通过测量两幅相位图就可计算出矢量位移场。

由几何相位计算出位移场之后，晶格的局部畸变可通过位移场的梯度给出。位移场的梯度可用如下 2×2 矩阵 $\boldsymbol{e}$ 表示：

$$\boldsymbol{e} = \begin{pmatrix} e_{xx} & e_{xy} \\ e_{yx} & e_{yy} \end{pmatrix} = \begin{pmatrix} \dfrac{\partial u_x}{\partial x} & \dfrac{\partial u_x}{\partial y} \\ \dfrac{\partial u_y}{\partial x} & \dfrac{\partial u_y}{\partial y} \end{pmatrix} \qquad (2\text{-}61)$$

由这一矩阵可以计算出局部应变 ε 和局部刚体旋转 ω 分别为：

$$\varepsilon = \frac{1}{2}(\boldsymbol{e} + \boldsymbol{e}^{\mathrm{T}}) \qquad (2\text{-}62)$$

$$\omega = \frac{1}{2}(e - e^{\mathrm{T}}) \qquad (2\text{-}63)$$

联立式（2-61）~式（2-63），可得平面应变 ε 为：

$$\begin{cases} \varepsilon_{xx} = \dfrac{\partial u_x}{\partial x} \\[2mm] \varepsilon_{yy} = \dfrac{\partial u_y}{\partial y} \\[2mm] \varepsilon_{xy} = \dfrac{1}{2}\left(\dfrac{\partial u_x}{\partial y} + \dfrac{\partial u_y}{\partial x}\right) \end{cases} \qquad (2\text{-}64)$$

目前，几何相位分析方法主要应用在对高分辨电子显微图像进行变形场测定，实际上，该方法可以应用到任意具有周期性网格的图像中。

2.4　纳米压痕法

通过压头对材料表面加载，然后测出压痕区域，以此来评价材料力学性能的技术称之为压痕技术，它是一种简单、高效的评价材料力学性能的手段。随着微纳米力学的发展，纳米压痕技术由 Oliver[17] 等人提出并仪器化，目前先进的纳米压痕仪可以给出整个加、卸载过程的载荷-位移曲线以及硬度与弹性模量随压痕深度变化的曲线，提供了丰富、精确的信息，是探索表层材料以及界面区比较完整力学特性的重要方法之一。

2.4.1　确定纳米硬度和弹性模量

纳米压痕测试中压头压入样品内，弹性和塑性变形随之发生，形成与压头的形状一致的压痕。在压头卸载过程中，只有弹性变形的部分能够恢复，因此可以使用弹性方程来建立接触过程的模型[17,18]。图 2-9 为弹-塑性样品在加载和卸载中任一压痕剖面变形图。图 2-10 给出了整个加载和卸载过程中的压痕载荷与位移之间的关系曲线。加载过程中，试样首先发生弹性变形，随着载荷的增加试样

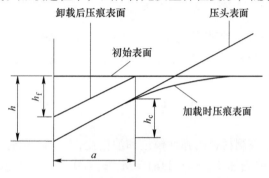

图 2-9　材料在加卸载前后的变形示意图

开始发生塑性变形，加载曲线呈非线性，卸载曲线反映了被测物体的弹性恢复过程。通过分析加卸载曲线可以得到材料的纳米硬度和弹性模量。

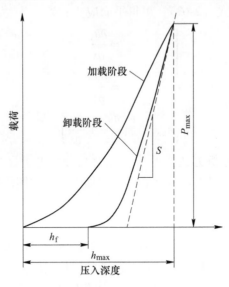

图 2-10　典型的加卸载-位移曲线

纳米硬度由下式给出：

$$H = \frac{P}{A} \tag{2-65}$$

式中，H 为纳米硬度；P 为任意压痕深度下施加载荷；A 为接触面积的投影面积。

在压头退出过程中，仅有弹性变形恢复。硬度和弹性模量可由最大压力 P_{max}、最大压入深度 h_{max} 与卸载后的残余深度 h_f 和卸载曲线的端部斜率 $S = dP/dh$（即接触刚度）获得。Sneddon 给出了旋转体压痕弹性变形的一半曲线的光滑函数，接触刚度、接触面积和弹性模量间具有几何关系，三者的方程由下式给出：

$$S = 2\beta\sqrt{\frac{A}{\pi}} E_r \tag{2-66}$$

式中，β 为依赖于压头几何形状的常数（Berkovich 压头的 $\beta = 1.034$）；E_r 为复合弹性模量，它的出现是因为考虑到压头和样品两者都发生了弹性变形。E_r 由下式给出：

$$\frac{1}{E_r} = \frac{1 - \nu^2}{E} + \frac{1 - \nu_i^2}{E_i} \tag{2-67}$$

式中，E、ν 分别为被测材料的弹性模量和泊松比；E_i、ν_i 分别为压头的弹性模量和泊松比。对于金刚石压头，$E_i = 1141\mathrm{GPa}$，$\nu_i = 0.07$。接触刚度和投影面积从载荷-位移曲线中获得。Oliver 和 Pharr 发现，卸载曲线通常不是 Doerner 和

Nix[19]给出的线性方程，而是更接近指数函数：

$$P = B (h - h_f)^m \tag{2-68}$$

式中，B、m 是经验常数。卸载刚度 S 是通过对方程（2-68）进行微分获得的，h 取最大压入深度 h_{max}，如方程（2-69）所示：

$$S = \left(\frac{dP}{dh}\right)_{h=h_{max}} = Bm (h_{max} - h_f)^{m-1} \tag{2-69}$$

对于一个已知几何形状的压头来说，投影接触面积是接触深度的函数，对于理想的 Berkovich 压头来说，接触面积由下式给出

$$A_c = 24.56 h_c^2 \tag{2-70}$$

而实际用于纳米压痕测试的压头不是理想 Berkovich 压头，因此，针尖几何形状的校正或者面积函数的校正是非常必要的。在融化的石英上打上一系列深度不同的压痕，A 和 h_c 之间的关系能够被下面的函数曲线拟合：

$$A_c = 24.56 h_c^2 + C_1 h_c^2 + C_2 h_c^{1/2} + C_3 h_c^{1/4} + \cdots\cdots + C_8 h_c^{1/128} \tag{2-71}$$

式中，$C_1 \sim C_8$ 为常数。第一项代表理想 Berkovich 压头，其他项则表示压头钝化造成与理想压头的偏差。接触深度可以由载荷-位移曲线来评价，通过下列方程得出：

$$h_c = h_{max} - \varepsilon \frac{P_{max}}{S} \tag{2-72}$$

式中，ε 为一个依赖于针尖几何形状的常数（对于 Berkovich 压头来说 $\varepsilon = 0.75$）[20]。在实际的压痕测试中，测试变形的可逆性时用半径大约是 100nm 的 Berkovich 压头进行多个加载-卸载循环，以确保卸载数据对于分析目标而言是弹性的。

2.4.2　连续刚度法

在压痕测试中，在加载部分使用连续刚度法（CSM）技术[21,22]可以有选择性地测试接触刚度。CSM 技术是通过在正常增加载荷 P 上施加一个调和力来完成的，如图 2-11 所示。压头在激励频率和相转角下的位移响应作为深度的函数被连续地测试。对相内和相外部分的响应获得接触刚度 S，可以表达为深度的函数。为了计算接触刚度，需确定压痕系统的动态响应。响应的分量为压头的质量 m，支撑压头的两根弹簧的弹性系数 K_s，压头框架的刚度 $K_f = 1/C_f$，C_f 为载荷框架和阻尼系数 C 的联合响应量。阻尼系数 C 是由于考虑到空气存在于电容板位移传感器内。这些分量和接触刚度 S 一起产生全面的响应，如图 2-12 所示。如果驱动力表示为 $P = P_{os}\exp(i\omega t)$，压头的位移响应为 $h(\omega) = h_0\exp(i\omega t + \varphi)$，则接触刚度 S 可以由位移的信号得出：

$$\left|\frac{P_{os}}{h(\omega)}\right| = \sqrt{\{(S^{-1} + K_f^{-1})^{-1} + K_s - m\omega^2\}^2 + \omega^2 C^2} \tag{2-73}$$

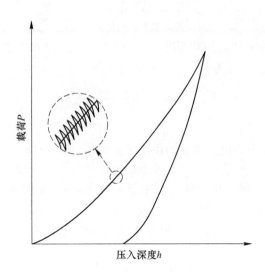

图 2-11　CSM 技术加载循环示意图

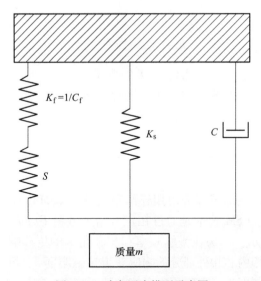

图 2-12　动态压痕模型示意图

或者由力和位移信号的相差计算得出，位移角 φ 可以表示为：

$$\tan\varphi = \frac{\omega C}{(S^{-1} + K_f^{-1})^{-1} + K_s - m\omega^2}\tag{2-74}$$

式中，P_{os} 为力的振幅；$h(\omega)$ 为响应位移的振幅；ω 为振动频率；φ 为力与位移信号之间的相位角。由方程（2-73）和方程（2-74）可以得出接触刚度 S 和空气在电容板间的阻尼 ωC（样品本身的阻尼可以忽略），如下式所示：

$$S = \left[\cfrac{1}{\cfrac{P_{os}}{h(\omega)}\cos\varphi - (K_s - m\omega^2)} - K_f^{-1} \right]^{-1} \tag{2-75}$$

$$\omega C = \frac{P_{os}}{h(\omega)}\sin\varphi$$

对于均质材料和非均质材料的接触刚度和压痕接触深度的关系，如图 2-13 所示。对于理想的 Berkovich 压头来说，接触面积 A 是接触深度 h 的函数，如方程（2-70）所示。将方程（2-70）代入方程（2-66）可以得到接触刚度 S 与接触深度 h 呈线性关系为：

$$S = 2\beta\sqrt{\frac{24.56}{\pi}}E_r h \tag{2-76}$$

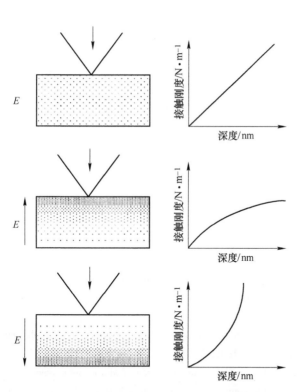

图 2-13　均匀和梯度材料的压痕示意图

由方程（2-67）可知，对于均质材料，其弹性模量 E、E_r 为常数。对于非均质材料来说，E_r 的值随着深度而变化。在这种情况下，接触刚度和深度 h 的线性关系不成立。因此，CSM 技术通过追踪接触刚度、弹性模量和硬度作为接触深度函数的变化，能够用来研究界面区结构的力学性能。

参 考 文 献

[1] Weller R, Shepherd B M. Displacement measurement by mechanical interferometry [J]. Prroc SESA, 1948, 6 (1): 8~13.

[2] Daniel Post, Bongtae Han, Peter If ju. High sensitivity moiré experimental analysis for mechanics and materials [R]. Springer-Verlag, New York Berlin Heidelberg London Paris Tokyo Hong Kong Barcelona Budapest.

[3] Dai F L, Mckelvie J, Post D. An interpretation of moiré interferometry from wavefront interference theory [J]. Proc. SPIE, 1990, 12 (2): 101~118.

[4] Dally J W, Read D T. Electron Beam Moire [J]. Experimental Mechanics, 1993, 33 (4): 270~277.

[5] Read DT, Dally J W, Szanto M. Scanning moiré at high magnification using optical methods. 1993, 33 (2): 110~116.

[6] Kishimoto S, Asanuma H, Tanaka Y, et al. Measurement of strain distribution in smart materials by electron Moiré method [J]. Proc Spie, 2012, 44 (1): 561~565.

[7] Hu Z, Xie H, Lu J, et al. A new method for the reconstruction of micro-and nanoscale planar periodic structures. 2010, 110 (9): 1223~1230.

[8] Oliver W C, Pharr G M. Measurement of hardness and elastic modulus by instrumented indentation: Advances in understanding and refinements to methodology [J]. J Mater Res 2004; 19 (1): 3-20.

[9] Oliver W C, Pharr G M. An improved technique for determining hardness and elastic modulus using load and displacement sensing indentation experiments. 1992, 7 (6): 1564~1583.

[10] Zhu R, Xie H, Dai X, et al. Residual stress measurement in thin films using a slitting method with geometric phase analysis under a dual beam (FIB/SEM) system. 2014, 25 (9): 1~11.

[11] Zhao CW, Xing YM. Nanoscale deformation analysis of a crack-tip in silicon by geometric phase analysis and numerical moiré method. 2009, 48 (11): 1104~1107.

[12] Pofelski A, Woo SY, Le BH, et al. 2D strain mapping using scanning transmission electron microscopy Moiré interferometry and geometrical phase analysis [J]. Ultramicroscopy, 2017, 187 (1): 1~12.

[13] Hÿtch MJ, Snoeck E, Kilaas R. Quantitative measurement of displacement and strain fields from HREM micrographs. 1998, 74 (3): 131~146.

[14] Dai F L, Mckevie J, Post D. An interpretation of Moiré interferometry from wavefront interference theory [J]. Opticas and laser in Engineering, 1990, 12 (2~3): 101~118.

[15] Dai F L, Mckevie J, Post D. An interpretation of moiré interfereometry from wavefront interference theory [J]. Proc. SPIE, 1998, 22 (1), 954~957.

[16] 谢惠民, 李标, 尚海霞, 等. 扫描离子束云纹法 [J]. 光学技术, 2003, 29 (1): 23~26.

[17] Oliver C, Pharr M. An improved technique for determining hardness and elastic modulus using load and displacement sensing indentation experiments [J]. J. Mater. Res. , 1992, 7 (11):

1564~1583.

[18] Pharr G M. Measurement of mechanical properties by ultra-low load indentation [J]. Mater Sci Eng a-Structural Mater Prop Microstruct Process, 1998, 253 (1~2): 151~159.

[19] Doerner M F, Nix W D. A method for interpreting the data from depth-sensing indentation instruments [J]. J. Mater. Res., 1986, 4: 601~609.

[20] Poisl W H, Oliver W C, Fabes B D. The relationship between indentation and uniaxial creep in amorphous selenium [J]. J. Mater. Res., 1995, 10 (8): 2024~2032.

[21] Asif S A S, Pethica J B. Nano Scale Creep and the Role of Defects [J]. MRS Proc, 2011, 436 (3): 201.

[22] Bolshakov A, Pharr G M. Influences of pileup on the measurement of mechanical properties by load and depth sensing indentation techniques [J] . J. Mater. Res., 1998, 13 (4): 1049~1058.

3 复合材料表面高频正交光栅制备

复合材料界面尺度一般为几到几十微米范围，使用电子束云纹法或几何相位分析法研究界面区细观力学性能是行之有效的方法。这两种方法的测量精度由所制光栅质量决定，因此高频正交光栅成为细观实验力学测试的重要工具。然而自1993 年 10000 线/mm 的平行栅[1]被制备出以后，研究多局限在平行光栅的制备上，而且需要很高的技术，因此有必要发展一种新的制栅技术以及简化制栅工艺。本章提出了一种制备高频正交光栅的点阵扫描（raster-scanning，RS）制栅方法，并将该方法成功应用于纤维增强复合材料试样超细正交光栅的制备。

3.1 光栅制备工具简介

FEG Quanta 650 扫描电子显微镜（scanning electron microscope，SEM）被用作光栅曝光工具，其基本构造如图 3-1 所示。场发射电子枪中由于热发射产生电流强度为 $200\mu A/cm^2$ 左右的电子束，其能量变化范围为 $0.5\sim40KeV$。电子束依次通过聚焦透镜将其直径聚焦为 10nm 左右，最后电子束通过偏转板以及末级透镜到达试样表面后，可以被聚焦成为直径为 5nm 左右的电子束斑。本章就是利用该电子束斑作为高频正交光栅的曝光工具。

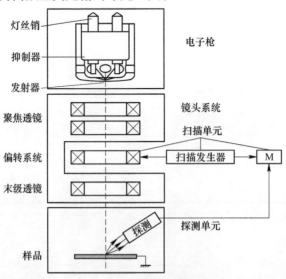

图 3-1　扫描电子显微镜示意图

3.2   点阵扫描电子束制栅原理

所有的扫描电子显微镜成像都应用相同的技术，电子束通过有规则的点阵（raster）对试样表面进行逐点扫描，该点阵即为扫描电子显微镜的图像分辨率，其数值与扫描电子显微镜所成图像的像素一致。它是由一系列水平方向（x方向）与竖直方向（y方向）等间距的点组成，如图 3-2 所示。在放大倍数一定的情况下，点阵中每行中点的数量可以通过增加或减小扫描电子显微镜成像分辨率进行控制。每个点上的驻留时间可通过扫描电子显微镜控制参数中点驻留时间（dwelling time per-point）进行设置。当扫描电子显微镜依据该点阵在试样表面进行扫描时，试样上每个扫描点由于电子束的入射而溢出二次电子，该二次电子通过探测器收集后在屏幕上呈现出表面形貌像。

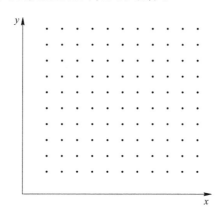

图 3-2   点阵示意图

点阵扫描制栅方法的提出就是基于以上扫描电子显微镜成像原理，首先将试样表面涂覆电子束感光胶，然后控制电子束按设定的点阵形式在感光胶表面进行逐点扫描，这样被电子束扫描过的点及其周围的感光胶在电子束的照射下而被曝光，正交光栅的格点就按扫描点阵形式被曝光在试样表面。为了减少制栅参数，扫描中的加速电压、工作距离以及扫描点驻留时间分别被固定为 20kV 、10mm以及 20μs。扫描分辨率设定为 1536×1024。基于以上固定参数，对于制备正交光栅仅需优化斑点尺寸（spot size）以及放大倍数两个参数。斑点尺寸即为电子束在试样上的聚焦面积，其参数范围为 1.000~7.000，在加速电压为 20kV，工作距离为 10mm 的情况下，斑点尺寸与束流强度之间的关系如图 3-3 所示。从图中可以看出，相对小的斑点尺寸对应于小的电流强度，而要得到相对小的曝光点需要选择数值小的斑点尺寸。电子感光胶每个曝光点上接受的曝光剂量由下式确定：

$$\text{Dose} = I \cdot T \tag{3-1}$$

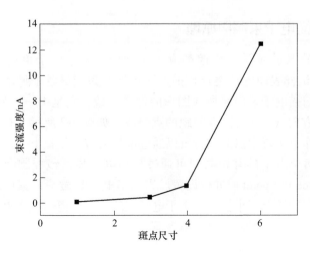

图 3-3　斑点尺寸与束流强度关系曲线

式中，I 为电流强度；T 为驻留时间。因此，为了得到适宜的曝光剂量需要选择合理的斑点尺寸。对于不同频率的正交光栅斑点尺寸的选择，见表 3-1。

表 3-1　扫描参数及栅距误差

光栅频率 /线·mm^{-1}	光栅间距 /nm	放大倍数	斑点尺寸	方向最大 误差/%	方向最大 误差/%
2781	359	750	3.9	0.56	1.16
7045	142	1900	2.0	0.15	0.77
10011	100	2700	1.3	0.22	1.11
12607	79	3400	1.1	0.76	1.49
14832	67	4000	1.0	3.06	4.98

　　放大倍数是制备高频光栅的另外一个重要参数，所制备光栅的频率由该参数决定，两者之间关系如下：

$$\begin{cases} L' = ML \\ f_r = \dfrac{N-1}{L} \end{cases} \tag{3-2}$$

式中，f_r 为光栅频率；N 为水平（x）方向的扫描点数量；M 为扫描电子显微镜放大倍数；L 为试样的真实长度；L' 为放大后的试样长度。

　　样品的真实长度 L 可以从图片中 HFD（horizontal field width）得到。对于本实验所使用的扫描电子显微镜，在 10000 倍放大倍数下真实长度 L 为 41.4μm。因此，对于不同的放大倍数下真实长度 L（单位：mm）可以表达为：

$$L = 414/M \tag{3-3}$$

制栅过程中，扫描电子显微镜的分辨率设定为 1536×1024，即对于每块光栅，由水平方向上 1536 个等间距的点、竖直方向上 1024 个点组成。因此光栅的频率（单位：线/mm）可以表达为：

$$f_r = 1535/L = 3.708M \tag{3-4}$$

从式（3-4）可以看出，利用该方法制备的光栅其频率与所使用的放大倍数呈线性关系，如图 3-4 所示。利用此关系式能够准确地制备所需频率的正交光栅，同时对于电子束云纹法还能够得到精确的零场。

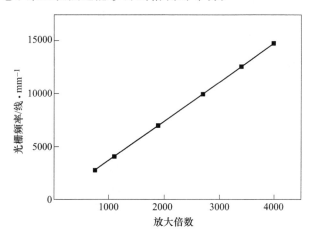

图 3-4　光栅频率与放大倍数关系曲线

3.3　光栅制备流程

高频正交光栅的制备共分六个步骤，如图 3-5 所示。

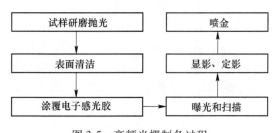

图 3-5　高频光栅制备过程

（1）打磨。首先将试样表面打磨、抛光至粗糙度在 20nm 左右，因为表面粗糙程度严重影响光栅质量。如果所选试样为硅片，因其表面平整，可不用进行该步骤。

（2）清洗。将打磨好的试样放入丙酮和酒精混合溶液中进行超声清洗 15min 左右，将表面的污染物以及打磨时残留的黏着物清除掉。

（3）涂覆电子感光胶。如果试样为导电性较差的碳纤维增强树脂基复合材料，在涂覆电子感光胶之前，要在试样表面溅射一层几十纳米厚的金，然后在所喷金层上再涂覆感光胶。如果为导电性能较好的硅或是金属材料则可直接涂覆感光胶。常用的电子感光胶有 PMMA、EBR 系列以及 ZEP 系列等。本实验所用感光胶为 ZEP-520-22，该感光胶具有空间分辨率高（10nm）、灵敏度高（曝光计量为 $10\mu A/cm^2$）等特点。匀胶是在中国科学院微电子研究所生产的 KW-4A 型台式匀胶机上进行的。具体参数如下：匀胶时间为 120s，匀胶速度为 6000r/min。匀胶后表面胶层厚度大约为 300nm。涂胶后将试样放入烘干机内烘干。对于硅试样温度为 180℃，烘干时间为 30min；而对于树脂基复合材料则要将温度设定为90℃，时间则为 18h，这样才能保证试样在烘干过程中不被软化。

（4）曝光。将感光胶已凝固的试样放入扫描电子显微镜中进行曝光，具体参数见表 3-1。制作不同频率的正交光栅，只需改变曝光时的斑点尺寸以及放大倍数即可。

（5）显影、定影。将曝光后的试样浸入 Nippon Zeon ZED-N50 显影液中显影60s，然后在 Nippon Zeon ZMD-B 定影液中定影 30s，再将试样用去离子水冲洗30s，将试样表面残留的定影液冲洗掉。最后使用纯净氮气将试样吹干。

（6）喷金。由于电子感光胶导电性差，在扫描电子显微镜观察时，表面电荷聚集不易导出而影响观察效果，因此要在制备好的光栅表面再喷一层金。

3.4　光栅质量评价

通过点阵扫描电子束制栅法在 Si 基底上制备的光栅栅距分别为 360nm、142nm、100nm、79nm 和 63nm，对应的频率分别为 2781 线/mm、7045 线/mm、10011 线/mm 以及 14832 线/mm。各频率光栅制备时的控制参数如表 3-1 所示。由于 ZEP 系列感光胶为正感光胶，即经电子束照射位置经显影、定影后，感光胶被侵蚀掉在光栅上形成圆形孔洞，即为光栅点（dots）。图 3-6 为频率为 2780 线/mm 的正交光栅形貌以及所形成的云纹图，其中光栅的面积为（552×368）μm^2，光栅点的直径为 160nm。其中图 3-6（a）为放大 10000 倍扫描电子显微镜图像，从中可以看出该光栅的栅距均匀，无瑕疵，对比度高。图 3-6（b）和（c）为该光栅对应的转角云纹图，云纹图是试样栅变形情况的直接表现，通过对云纹图的分析可以发现 u、v 场条纹均为平行分布，而且云纹图中不存在扭曲现象，也说明其对应的光栅栅距均匀，无缺陷。云纹图的对比度高，能够完全满足实际测量要求。

图 3-7 为频率为 7045 线/mm 的正交光栅形貌以及对应的云纹图，其相应的面积为（218×145）μm^2。从图中可发现光栅整体质量很高，栅格分布均匀，对比度明显，无缺陷、无断点。同样条纹也具有非常高的质量和清晰的对比度，而且条纹间距相同，无弯曲、无突变，能够很好地满足细观测量需要。后续研究碳纤

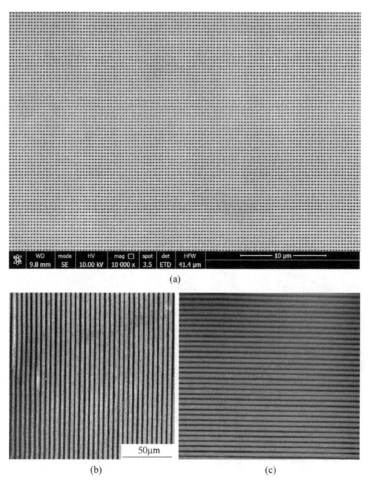

(a)

(b)   (c)

图 3-6　频率为 2780 线/mm 的正交栅

（a）光栅形貌；（b）u 场云纹图；（c）v 场云纹图

维增强树脂基复合材料界面细观力学性能时将使用该频率光栅。

　　图 3-8 为频率为 10011 线/mm 的正交光栅以及对应的二维云纹图。云纹图是一种评价光栅质量的有效手段，其云纹图的质量直接反映了光栅的质量。从云纹图中可以看出大部分条纹为相互正交的，并且具有很高的对比度；但是也有一些位置出现条纹的扭曲，该位置对应的光栅栅距存在一定误差。

　　本章所用扫描电子显微镜理想情况下最高分辨率为 10nm 左右，但受各方面因素影响，其分辨率一般只能到达 50nm 左右，因此，制备的光栅栅距的最小距离应在 50nm 附近。图 3-9、图 3-10 分别为光栅频率为 12607 线/mm 和 14832 线/mm 的正交光栅，对应的面积分别为（121 × 81）μm^2 和（96 × 64）μm^2，栅距分别为 79nm 和 67nm，已经接近本扫描电子显微镜的极限分辨率 50nm。制备时的放

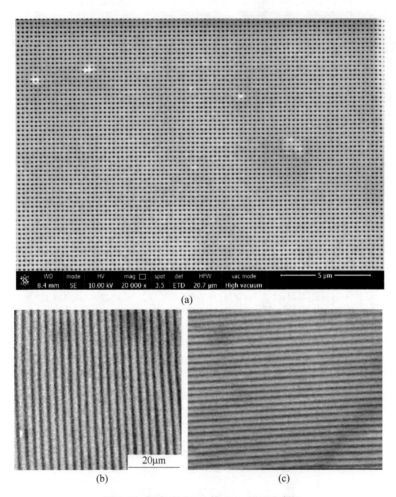

(a)

图 3-7   频率为 7045 线/mm 的正交栅

（a）光栅形貌；（b）u 场云纹图；（c）v 场云纹图

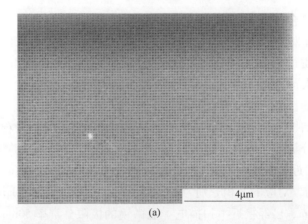

(a)

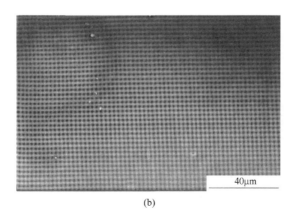

(b)

图 3-8 频率为 10011 线/mm 的正交栅

（a）光栅形貌；（b）云纹图

大倍数分别为 3400 倍和 4000 倍。

云纹图分别如图 3-9（b）和（c）、图 3-10（b）和（c）所示。从云纹图 3-9（b）中可以看出，条纹的对比度十分清晰，而且条纹间距非常均匀，没有扭曲发生，各条纹近乎平行。但是对于 14832 线/mm 的光栅，从图 3-10（a）中可以明显地看出其对比度不足，主要原因如下：要制备如此超高频率正交光栅，必须采用斑点尺寸值为 1.000 时所对应的最小直径电子束进行曝光才有可能实现。此时对应的束流强度仅为 200nA 左右，因此被曝光位置处于欠曝光状态，而导致对比度有所下降。如加大束流直径，对应的曝光剂量也随之增大，加之邻近效应的影响，而使栅格之间的感光胶被曝光区域明显增加，甚至全部消失，导致制栅失败。

(a)

(b)　　　　　　　　　　　　　(c)

图 3-9　频率为 12670 线/mm 的正交栅

（a）光栅形；（b）u 场云纹图；（c）v 场云纹图

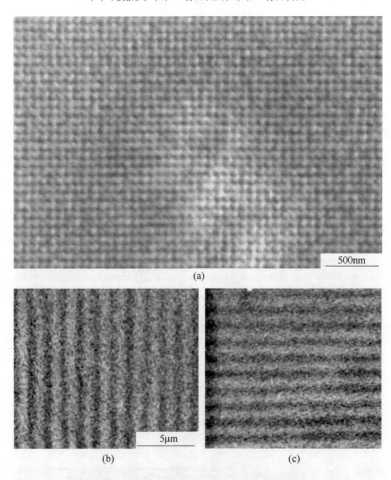

(a)

(b)　　　　　　　　　　　　　(c)

图 3-10　频率为 14832 线/mm 的正交栅

（a）光栅形貌；（b）u 场云纹图；（c）v 场云纹图

3.5 光栅栅距误差分析

光栅是测量变形的载体，当光栅栅距与实际值存有误差时会直接影响测量的精度，因此评价光栅栅距的误差是一项十分重要的工作。本章通过傅里叶变化（Fourier transform）和相位分析（phase analysis）技术[2]对光栅间距进行误差分析。光栅图像可表示为：

$$g(x, y) = a(x, y) + b(x, y)\cos[\varphi(x, y)] \tag{3-5}$$

这里 $g(x, y)$、$a(x, y)$、$b(x, y)$ 和 $\varphi(x, y)$ 分别代表图像的强度、背景强度、灰度值以及相位场。该方程被写为简单形式：

$$g(x, y) = a(x, y) + \frac{1}{2}b(x, y)\{\exp[i\varphi(x, y)] + \exp[-i\varphi(x, y)]\} \tag{3-6}$$

然后对图像进行二维傅里叶变换获得傅里叶谱：

$$F(\xi, \eta) = \int_{-\infty}^{+\infty}\int_{-\infty}^{+\infty} g(x, y)\exp(-i\xi x - i\eta y)\mathrm{d}x\mathrm{d}y \tag{3-7}$$

式中，$F(\xi, \eta)$ 为傅里叶谱；ξ 和 η 代表频率分量。

围绕基础频率选择正确范围并对其施加以功能函数：

$$\overline{F}(\xi, \eta) = F(\xi, \eta) \times G(x - u, y - v) \tag{3-8}$$

这里，

$$G(x, y) = \frac{1}{\sqrt{\pi\sigma_x\sigma_y}}\exp(-\frac{x^2}{2\sigma_x^2} - \frac{y^2}{2\sigma_y^2}) \tag{3-9}$$

式中，σ_x 和 σ_y 被用来确定窗口尺寸；(u, v) 为窗口函数中心坐标；$G(x - u, y - v)$ 为高斯窗口函数。

对其进行二维反傅里叶变换得到相位：

$$\hat{g}(x, y) = \frac{1}{4\pi^2}\int_{-\infty}^{+\infty}\int_{-\infty}^{+\infty} \overline{F}(\xi, \eta)\exp(i\xi x + i\eta y)\mathrm{d}\xi\mathrm{d}\eta \tag{3-10}$$

$$\varphi(x, y) = \arctan\left[\frac{\mathrm{Im}\hat{g}(x, y)}{\mathrm{Re}\hat{g}(x, y)}\right] \tag{3-11}$$

式中，$\hat{g}(x, y)$ 为傅里叶变换的复数形式；$\varphi(x, y)$ 为需要的相位；Im、Re 分别代表像的虚数和实数部分。在相位场中每条栅线的零点都可以被定位，因此光栅间距的全场信息便可以得到，光栅的间距可以通过在相位场中标定的零点计算得到，因此光栅间距误差可通过下式得到：

$$error = \left| \frac{A - B}{A} \times 100\% \right| \tag{3-12}$$

式中，A 为理论栅距；B 为实验栅距。

　　通过上述理论表征所制备的光栅间距误差如表 3-1 所示，前四种频率的光栅 x 方向最大误差都在 1% 以内，y 方向最大误差也都小于 1.5%。而 7045 线/mm 光栅 x 方向栅距误差只有 0.15%，说明该光栅具有很高的均匀性，同时说明该点阵扫描电子束制栅法制备高频光栅是一种实用有效的方法。对于 14832 线/mm 光栅，其误差为 4.87%，导致此误差的重要原因是该光栅栅距已接近本扫描电子显微镜极限分辨率，同时还有电子束欠聚焦、像散、稳定性等扫描电子显微镜自身的原因，因此所引起的误差较大。

3.6　点阵扫描电子束制栅方法的应用

　　利用点阵扫描电子束制栅法在碳纤维增强树脂基复合材料试样表面制备的 7045 线/mm 正交光栅，如图 3-11 所示，其制作过程如前 3.3 节所述，首先需要对试样表面进行打磨，将试样分别用 500 号、800 号、1200 号、2000 号、3500 号砂纸依次打磨，保证表面平整。然后再利用 W2.5 至 W0.5 金刚石研磨膏进行粗抛光 60min，精细抛光 60min 左右，使表面平均粗糙度在 20nm 左右。将打磨好的试样在丙酮和酒精混合溶液中进行超声清洗 15min 左右，把残留在表面上的粘覆物清洗干净。涂覆感光胶之前需要在清洗干净的试样表面喷射一层金属层以增加复合材料基底的导电性。所用制栅参数与 Si 基底相同，见表 3-1。由于 7045 线/mm 光栅栅距平均误差最小，因此在复合材料表面制备该频率的正交光栅，光栅形貌如图 3-11（a）所示。此光栅由 172864 个光栅点组成，每个点的驻留时间为 20μs，因此制备一块光栅需要的时间为 31.5s，是文献［3］制栅时间的 1/50 倍，充分缩短了制栅所花费时间，为大批量制备超细光栅节省时间提供了必要条件。

　　图 3-11 中光栅共包括了 4 根直径为 6μm 的纤维，每根纤维上大约有 46 个光栅格点，纤维之间的界面处也覆盖了足够数量的光栅格点，为其细观力学性能的测量提供了有效的技术手段。在 4000 倍下形成的云纹，如图 3-11（b）所示。从图中可以看出 90° 和 0° 纤维层处都存在较高质量的条纹，而且在两层层间界面处以及纤维之间的界面处条纹都未发生改变，说明在界面处的光栅具有较高质量。整体条纹质量与在 Si 基体上所制备的光栅条纹质量相当，说明该方法在纤维增强复合材料上制备超细正交光栅是一种高效、高质的方法。

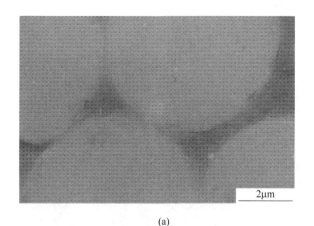

(a)

(b)

图 3-11 纤维增强复合材料表面光栅

　　为了验证所制备光栅在测量上的准确性，利用纳米划痕技术将在 Si 基底上制备的 7045 线/mm 光栅边界处人为制备了一处缺陷。纳米划痕具体参数如下：最大划痕力为 7mN，划痕距离为 400μm。在 8000 倍和 4000 倍下形成的云纹，如图 3-12 所示。在如此高的放大倍数下不仅能够得到较为清晰的云纹图，同时对于缺陷的细节也能够有直观的反映，但其所测范围较小。利用几何相位分析方法计算得出缺陷附近的应变场分布如图 3-12（e）和（f）所示。图中明显反映出裂纹周围的变形显著大于其他位置，其中在裂纹尖端沿直线 AB 的应变分布如图 3-13 所示。由于裂纹为 Y 型裂纹应变场呈对称于裂纹中心分布，右侧值略大于左侧数值。因此所制备的高频正交光栅在研究细观复杂变形时具有足够的空间分辨率。

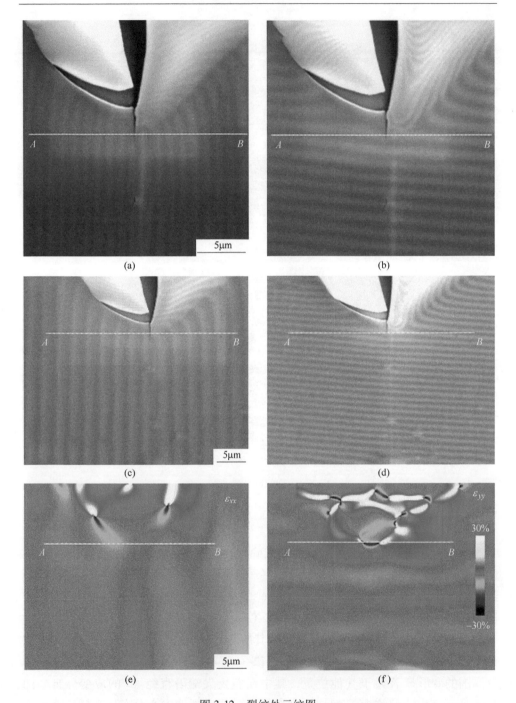

图 3-12　裂纹处云纹图

（a）u 场云纹图（8000 倍）；（b）v 场云纹图（8000 倍）；（c）u 场云纹图（4000 倍）；

（d）v 场云纹图（4000 倍）；（e）u 场应变图；（f）v 场应变云图

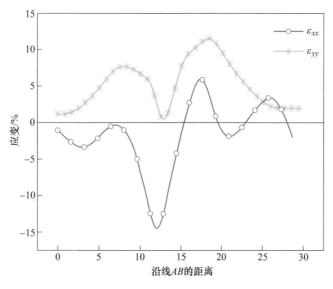

图 3-13　沿线 AB 应变分布图

3.7　本章小结

　　基于扫描电子显微镜显微成像原理，提出一种新型制备超细正交光栅的点阵扫描电子束制栅法，并且成功应用于 Si 基底以及纤维增强复合材料试样表面的超细正交光栅制备中。应用该方法成功制备出频率为 14832 线/mm 超细正交光栅，比传统方法制备的 10000 线/mm 正交光栅频率提高了 48%；并且该方法只需一次曝光即可得到高频正交光栅，减少了传统方法重复曝光所带来的系统误差；同时可以形成二维云纹图，为电子束云纹法动态分析提供了方便。应用扫描电子显微镜、电子束云纹技术、傅里叶变换结合相位分析方法对所制备光栅进行了表征，结果显示本方法所制备光栅具有质量高、缺陷少、用时省的特点，并且栅距最大平均误差在 5% 以内，表明该方法是一种有效的、并可在不同基底上制备超细正交光栅的方法，为材料细观力学行为实验研究提供了一种实用的测量工具。

参 考 文 献

[1]　Dally J W, Read D T. Electron beam moiré [J]. Exp Mech, 1993, 33（4）：270~277.

[2]　Dai X, Xie H, Wang H. Deformation grating fabrication technique based on the solvent-assisted microcontact molding [J]. Appl Opt, 2014, 53（30）：7037~7044.

[3]　Read D T, Dally J W. Electron Beam Moire Study of Fracture of a Glass Fiber Reinforced Plastic Composite [J]. J Appl Mech, 1994, 61（2）：402.

4　纳米压痕法原位测量纤维增强复合材料界面力学性能

<<<<<<<<<<<<<<<<<<<<<<<<<<<<<<<<<<<<<<<<<<<<<<<<<<<<<<<<<<<<<<<<

纤维增强复合材料（fiber reinforced composite，RFC）中增强相纤维的直径一般为微米量级，同时纤维与基体形成的界面区也只有几个微米甚至更小。传统拉伸、弯曲等宏观方法不能够获得如此小区域内力学性能的准确数值。纳米压痕技术由于在力与位移的测量中具有纳米量级分辨率，因此在界面区力学性能测试方面呈现出明显的优势。

4.1　纳米压痕试样制备

从碳纤维增强树脂基复合层合板中截取横截面尺寸为 $10 \times 3mm^2$ 的小块试样，冷镶嵌于树脂中制备成测试样品，然后对样品测试表面进行打磨抛光。依次使用 1000 号、2000 号、4000 号、5000 号水砂纸将试样打磨平整，然后将打磨平整的试样表面在抛光机上进行粗抛 1h，再利用 0.5μm 抛光液在绒布上精细抛光以保证得到足够平整光滑的表面。打磨后利用原子力显微镜（AFM）测得其表面平均

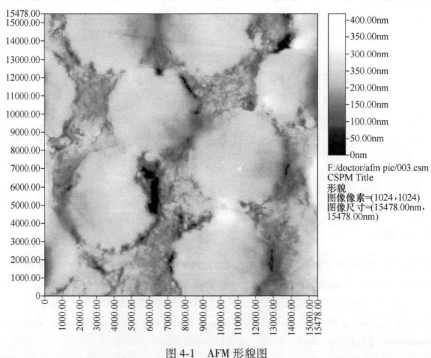

图 4-1　AFM 形貌图

粗糙度小于 20nm，如图 4-1 所示，该粗糙度能够确保压痕实验在 100nm 深度时的测量精度。

4.2 实验方法

本实验所用设备为 Nano indenter G200（Agilent Technologies）纳米压痕仪，如图 4-2 所示，最小载荷分辨率为 1nN，最小位移分辨率为 0.1nm，实验采用 Berkovich 压头。采用连续刚度法进行测试，其中加载速率为 $0.1s^{-1}$，简谐响应为 2nm，振幅频率为 75Hz。考虑到测试过程中压痕周围将产生塑性变形区，对于 Berkovich 压头其产生的塑性区域的宽度一般是压痕深度的 7 倍左右，因此本测试将压痕深度设定为 100nm，相邻压痕之间的中心间距离设为 2μm。共为两组实验，其中一组为模量测试试样如图 4-3 所示，在试样的不同纤维铺设方向上，分别设置 9 个测试点，其中点 1、2、3 位于纤维上，点 4、5、6 位于界面上，点 7、8、9 位于基体上，其中 90°碳纤维铺设方向的压痕点位置形貌如图 4-4 所示。实验通过控制位移的方法来研究不同纤维方向上碳纤维增强树脂复合材料的载荷-位移关系，其中最大压痕深度为 2000nm。另一组为力学性能成像试样，该测试共计 144 点组成一个 12×12 点阵。测试区域内共包含 3 根完整的纤维以及 3 根部分纤维。所加载荷方向与纤维轴向平行。

图 4-2 纳米压痕仪

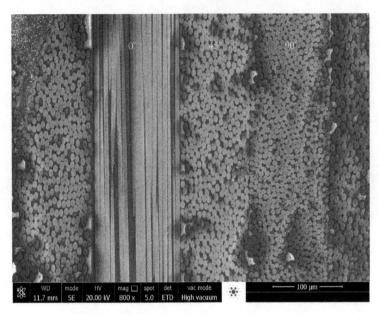

图 4-3　碳纤维增强树脂复合材料铺设方向形貌

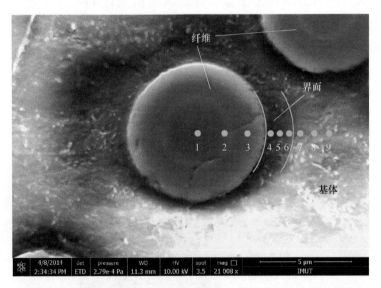

图 4-4　90°铺设方向的碳纤维增强树脂复合材料压痕点位置形貌

4.3　实验结果及分析

4.3.1　载荷与压痕深度关系分析

图 4-5 为不同位置处载荷与压痕深度曲线。从测试数据中选取有代表性的各

测试点进行分析，其中点 1~3 位于纤维上，点 4~7 位于界面处，各点到纤维边缘的距离逐渐增加，点 8~10 位于基体。从图中可以看出，在相同压痕深度都为 110nm 处，纤维处压痕所对应的平均载荷（F_f）明显大于界面区（F_i）与基体处载荷（F_m），其中 $F_f \approx 1.2$mN，$0.27 \leqslant F_i \leqslant 1.29$mN，$F_m \approx 0.16$mN。纤维处压痕载荷-压深曲线变化率也较界面处与基体处的变化率大，说明纤维抵抗变形的能力要强于界面与基体处。卸载后的压痕深度 h_f 与最大压痕深度 h_{max} 的比值 h_f/h_{max} 是衡量材料塑性变形程度的物理量。各点对应的比值分别为：点 1~3 处，0.23；点 4 处，0.28；点 5~10 处，分别为 0.59、0.62、0.66、0.64、0.64、0.60。从中可以发现，从纤维到基体的 h_f/h_{max} 值逐渐增大，表明卸载后残余压痕深度随距离纤维中心距离的增加而增加，说明在相同的最大压痕深度，从纤维到界面再到基体所发生的塑性变形逐渐增加，其中基体处的比值为纤维处的 3 倍左右。根据文献 [1]，当 $h_f/h_{max}<0.7$ 时，无论材料有无加工硬化，在压痕周围都不会产生隆起和凹陷而影响测试结果，因此所测得的压痕数据真实可靠。

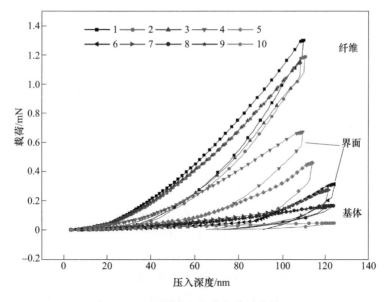

图 4-5　不同位置载荷与位移曲线

4.3.2　弹性模量分析

图 4-6 为不同位置模量随压痕深度变化的曲线，从中可以明显看出在测试开始时，即压痕深度 $0 \leqslant h \leqslant 20$nm 处，由于试样表面粗糙度以及压头与接触面之间的相互作用而导致测试数据包含较大的噪声，该区域数据波动较大，因此可靠的数据应该从 $h>20$nm 后开始计算。点 1、2、3 是位于纤维上的压痕，从图中看出

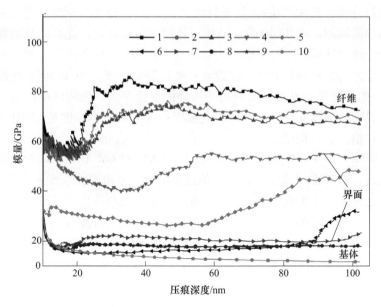

图 4-6　不同位置模量与位移曲线

当压痕深度 $h>25$nm 后各模量曲线模量趋于平稳，与坐标轴成平行趋势，然后随着深度的增加趋于平稳。从实验数据可以得出成型后纤维的平均模量为 70GPa 左右，与成型前的 80GPa 相比下降了 12.5%，因此复合材料成型后对纤维模量影响较大。

　　界面区测试过程中，由于其尺寸较小，压头压入过程中极易接触到纤维，因此使界面区的弹性模量产生纤维增强效应[2]，而并非其真实值。因此在界面处的测试要避免其发生纤维增强。考虑到 Berkovich 压头三棱针形状，其压痕深度 h，与压痕最外边缘到压痕中心的距离 d 之间存在如下关系：

$$h = 3.7/d \qquad (4\text{-}1)$$

　　根据上述关系，当最大压痕深度为 100nm 时，其压痕中心到压头最边缘的距离为 370nm。因此测试过程中，当压痕中心到纤维边缘为 370nm 时，压头刚好没有接触到纤维，可以消除纤维增强效应对测试的影响。从图 4-6 中位于界面处点 4~7 的曲线形状可以发现，在压痕深度 h 值分别 37nm、56nm、87nm 以及 94nm 处模量发生明显突变，其主要原因在于该深度下压头刚好接触到纤维边缘，从而导致模量发生明显变化，因此可以计算出点 4~7 压痕中心距离纤维边缘的距离 d 值分别为 10nm、15nm、23nm 以及 25nm。各处对应的模量值则为 33GPa、18GPa、11GPa 以及 11GPa，从中可以发现界面区模量随到纤维边缘的距离增加而发生明显减小。而对于远离纤维的压痕点 8 与点 9，其曲线处于重叠状态，与点 10 呈相同趋势，且都与 x 轴处于平行状态，与界面区模量随深度发生突变不同，说明基体材料为均匀材料，并且各点测试具有明显的一致性，也间接说明纳米压痕测试结果的可靠性。基体各点模量的均值为 3.4GPa 左右，与未成型前环氧树脂模量 3.3GPa 相差 3%，因此复合材料成型对树脂模量影响较小。

　　模量在不同位置的变化曲线如图 4-7 所示。从图中可以看出当压痕位置经过界面区向基体过渡时，由于基体参与的体积变形分数增大而使模量显著下降。垂直线揭示了在测试过程中压头可以接触到纤维的最远距离，而模量也稳定在距离纤维几个微米区域内。图中可以看出基体模量保持平稳。在到纤维边缘距离为 0.025~3.5μm 范围内模量从 11GPa 过渡到 5GPa。该区域的压痕数据没有纤维增强效应的影响，同时也未出现基体影响，因此这些中间数值说明在纤维与基体之间存在明显的界面区域。当到纤维边界距离大于 3.5μm 后，由于基体的影响，模量呈现下降趋势，随着到纤维中心距离的增加，导致压头下方接触到基体的分数增加而引起模量有所下降。最后距离纤维边缘为 4μm 位置的模量为 3.4GPa，说明测试点已经位于基体位置。因此得出界面区的范围约为 1.5μm，其模量范围为 5~11GPa，其平均值为 7GPa 左右。

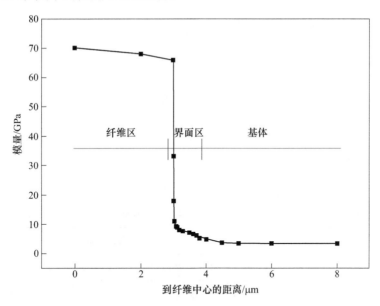

图 4-7　不同位置模量的变化曲线

4.3.3　纳米硬度分析

　　纳米硬度与压痕深度曲线如图 4-8 所示，硬度与模量具有相似的规律：（1）纤维上，压头开始接触时就具有高的噪声，随后随深度的增加而逐渐平稳在 6.5GPa 左右；（2）在基体上，硬度相对较小，并且在整个压痕过程中保持定值为 0.38GPa；（3）充分靠近纤维时即在界面区上，硬度较基体有明显增加，其值位于 0.4~3.3GPa 之间。

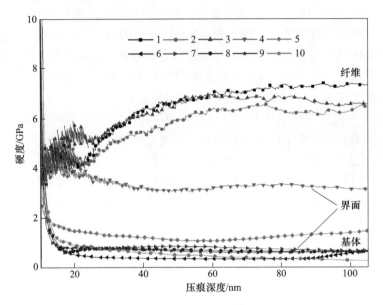

图 4-8　不同位置硬度与位移曲线

硬度与模量一个明显的不同在于界面区硬度的变化速率明显小于模量的变化速率。由于硬度反映材料的塑性性能，而模量反映材料的弹性性能。与弹性应变相反，当压头下方发生塑性变形时会立刻扩展到弹塑性边界，因此当在一定深度下，纤维边界对塑性影响要小于对弹性性能的影响。最终得到碳纤维增强树脂基复合材料的纤维、界面以及基体区的力学性能如表 4-1 所示。

表 4-1　碳纤维增强树脂基复合材料纤维、界面、基体的力学性能

位置	压深/nm	载荷/mN	弹性模量/GPa	纳米硬度/GPa
纤维	100	1.2	70	6.5
界面	100	0.15~0.68	5~11	0.4~3.3
基体	100	0.05	3.3	0.38

4.3.4　力学性能成像分析

利用纳米压痕对碳纤维增强树脂基复合材料的局部力学性能成像分析，得到模量以及纳米硬度在不同位置的成像图，如图 4-10 所示。具体方法为：在选定的（22×22）μm^2 的位置逐点进行压痕测试，其中压痕最大深度设定为100nm，

点与点之间的距离为 2μm，共测试 144 点。将得到的各测试点的模量以及纳米硬度与其位置坐标相对应，并将其输入 origin 绘图软件，通过 contour 功能绘制出相同数值点的等高线，进行平滑后得到模量和纳米硬度成像图。该区域的力学性能成像图与该区域的显微图像（图 4-9），具有很好的对应性。显微图中白色区域为碳纤维，黑色区域为基体，图中共包括 3 根完整纤维以及 3 根部分纤维，力学性能成像图与之相互吻合。

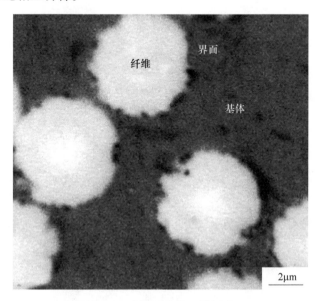

图 4-9 成像区光学显微图片

所测得模量像图如图 4-10（a）所示，使用不同颜色展现模量在 xy 平面内的差异。从图中看出纤维的直径约为 6μm，与显微图片中测得的纤维直径相同。图中模量的变化范围为 2.2~71.5GPa，其中基体的模量为蓝色区域，其值的变化范围为 2.2~3.3GPa；纤维为橙色和黄色区域，其值的范围为 60~71.5GPa；基体与纤维之间的位置即为界面区域，范围约为 1.5μm，该区域模量值的范围为 5~11GPa，其平均值为 7GPa 左右。从图中可以看出从纤维到基体颜色存在明显的过渡，说明所对应的模量也具有同样的变化趋势。图 4-10（b）为纳米硬度成像图，其规律与模量一致，进一步确定了碳纤维增强树脂基复合材料界面区的范围以及数值。

纳米压痕实验包括加载和卸载两个部分，在加载过程中试件表面发生弹塑性变形，随着载荷的增加，位移逐渐增大，卸载过程就是试件的弹性回复过程。图 4-11 为不同纤维方向碳纤维增强树脂复合材料的载荷-位移曲线。当压痕深度达到预先设置的最大值 2000nm 时，压痕深度继续上升，并超过预先设置值的 3%，这是因为在快速卸载的情况下，材料内部的应力得不到充分释放，

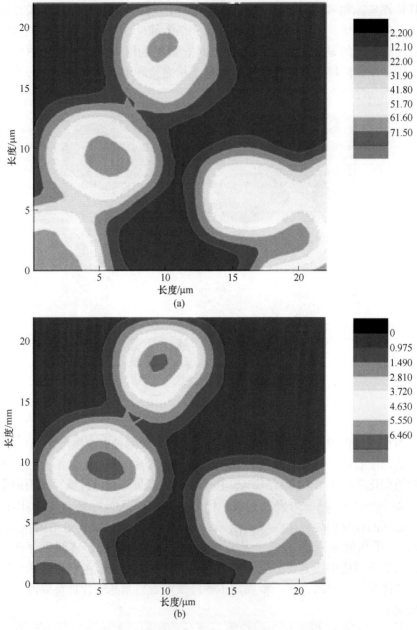

图 4-10   力学性能成像图

（a）模量成像图；（b）纳米硬度成像图

导致在载荷卸载的初始阶段，压痕深度继续增加，于是就出现了压痕深度大于 2000nm 的现象。

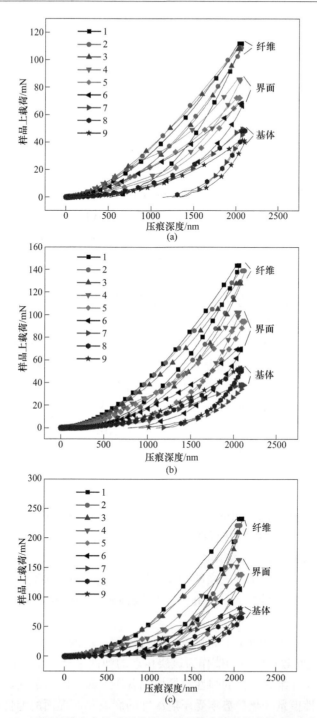

图 4-11 不同纤维方向的碳纤维增强树脂复合材料的载荷-位移曲线
（a）纤维铺设方向为 0°；（b）纤维铺设方向为 45°；（c）纤维铺设方向为 90°

　　在加载过程中，纤维的载荷-位移曲线变化率较界面和基体的变化率大，说明纤维抵抗变形的能力要强于界面与基体。当压痕深度达到预先设置的值 2000nm 时，铺设方向为 0° 的碳纤维增强树脂复合材料的纤维、界面、基体的最大载荷分别为 118mN、60~100mN、51mN；在 45° 纤维铺设方向的碳纤维增强树脂复合材料的纤维、界面、基体的最大载荷分别为 150mN、80~130mN、53mN；在 90° 纤维的铺设方向上，纤维、界面、基体的最大载荷分别为 230mN、80~180mN、65mN。从上述分析可以看出，在最大压痕深度 2000nm 下，碳纤维的最大载荷为 $P_{90°} > P_{45°} > P_{0°}$，说明碳纤维所承受的载荷受铺设方向的影响；而不同纤维方向的碳纤维增强树脂复合材料的基体，在 2000nm 的压痕深度下，所受到的载荷相对稳定，约为 56mN，表明树脂基体承受的载荷不受铺设方向的影响。

　　卸载后的残余深度 h_f 直接与材料表面的耐磨性有关，深度越深表示该材料表面耐磨性越差，容易破坏；反之，则代表材料表面的耐磨性较好，不易破坏。卸载后的残余深度 h_f 与最大压痕深度 h_{max} 的比值 h_f/h_{max} 是衡量材料塑性变形程度的物理量。铺设方向为 0° 的碳纤维增强树脂复合材料的纤维、界面、基体对应的 h_f/h_{max} 比值分别为 0.18、0.20~0.56、0.61；45° 纤维方向的碳纤维增强树脂复合材料的纤维、界面、基体的 h_f/h_{max} 比值分别为 0.14、0.37~0.51、0.61；90° 纤维方向的碳纤维增强树脂复合材料的纤维、界面、基体的 h_f/h_{max} 比值分别为 0.25、0.20~0.45、0.52。90° 铺设方向的碳纤维的 h_f/h_{max} 比值最大，说明 90° 铺设方向的碳纤维塑性变形最大，耐磨性最差。根据文献[3]，当 $h_f/h_{max} < 0.7$ 时，无论材料是否有加工硬化，压痕周围都不会出现凸起或凹陷现象而影响测量结果。因此，测得的压痕数据是真实可靠的。

4.4　弹性模量

　　图 4-12 为不同纤维方向的碳纤维增强树脂复合材料的弹性模量曲线，从图中可以看出在 0~500nm 弹性模量波动较大，这是由以下几点原因所造成的：

　　(1) 试件表面存在一定的粗糙度；

　　(2) 受到压头接触试件表面的相互作用而产生噪声的影响；

　　(3) 试件采用机械抛光，存在一定的表面硬化层，从而导致实验初期数据不稳定。

　　当压痕深度大于 500nm 时，弹性模量随压痕深度的增加而趋于平缓。因此取 500~2000nm 之间数据的平均值作为该层相态的弹性模量。图 4-12 中，在不同纤维铺设方向下，纤维和基体的弹性模量均随着压入深度的增加而趋于稳定，说明一种物质的弹性模量变化趋势不受压痕深度的影响；而界面的弹性模量变化趋势是无序的，这主要是由于界面周围受碳纤维和树脂基体的影响和界面本身的不均匀性，以及界面尺寸较小，导致实验结果的不稳定性。如图 4-12 (a) 所示，0°

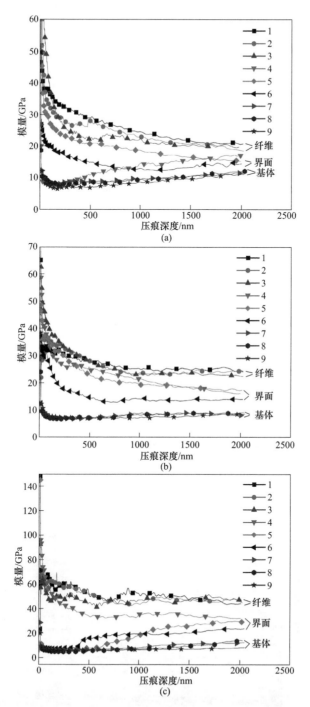

图 4-12　不同纤维方向的碳纤维增强树脂复合材料的弹性模量曲线

（a）纤维铺设方向为 0°；（b）纤维铺设方向为 45°；（c）纤维铺设方向为 90°

铺设方向的纤维、界面、基体的弹性模量分别为 23.31GPa、14.56~18.28GPa、9.54GPa。纤维铺设方向为 45°的纤维、界面、基体的弹性模量分别为 24.30GPa、14.19~19.50GPa、7.89GPa，如图 4-12（b）所示。90°的铺设方向上的纤维、界面、基体的弹性模量分别为 47.34GPa、19.45~38.27GPa、8.71GPa。不难发现，90°方向的纤维的弹性模量约为 0°和 45°的 2 倍，基体的弹性模量受纤维铺设方向的影响较小，其值约为 8.71GPa。

4.5　纳米硬度

不同纤维方向的碳纤维增强树脂复合材料的纳米硬度与压痕深度曲线如图 4-13 所示。硬度与弹性模量具有相似的规律，因此取 500~2000nm 之间的平均值作为该层相态的硬度。碳纤维在 0°、45°、90° 方向的硬度分别为 3.00GPa、

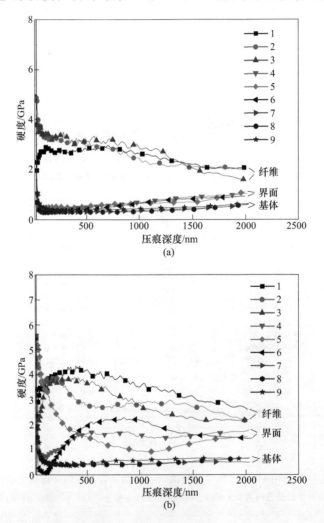

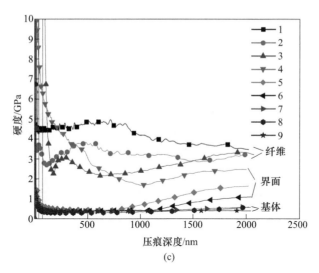

图 4-13 不同纤维方向的碳纤维增强树脂复合材料的纳米硬度与压痕深度曲线
(a) 纤维铺设方向为 0°；(b) 纤维铺设方向为 45°；(c) 纤维铺设方向为 90°

2.74GPa、3.26GPa，基体在 0°、45°、90°方向的硬度分别为 0.58GPa、0.48GPa、0.40GPa。在纳米压痕实验中，压头压入深度与试件的硬度有关，压入深度越浅，代表材料硬度较高，反之，表示材料的硬度较低。结合图 4-13 可以看出：（1）碳纤维的硬度大于基体；（2）90°铺设方向的碳纤维硬度最大，0°铺设方向的碳纤维硬度最小，45°铺设方向的碳纤维硬度介于两者之间；（3）树脂基体的硬度与铺设方向无关，其平均硬度约为 0.49GPa。

4.6 SiC/Ti-15-3复合材料力学参数确定

4.6.1 纳米压痕试样制备

SiC 增强 Ti-15-3 复合材料（SiC/Ti-15-3），其中基体为 β 钛合金化学成分（质量分数,%）为 V 15.22，Cr 3.26 ，Al 3.12，Sn 2.94，Ti 65.46；SiC 纤维直径为 140μm 左右，如图 4-14 所示，其中纤维中间为碳芯，其作用是在其表面沉积化合物而制备成 SiC 纤维。从板状材料中利用金刚石锯片切取 10mm×10mm 块状样品，并对其进行镶嵌、打磨、抛光，与制备碳纤维增强树脂基复合材料试样相同。

4.6.2 实验方法

图 4-15 为 SiC/Ti-15-3 复合材料纳米压痕测试点排布形貌图，其中共测试 30 个压痕点，各压痕之间的距离为 20μm，压痕深度设定为 2000nm，其他参数与碳

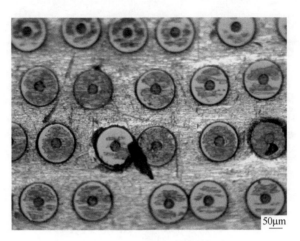

图 4-14　实验样品显微形貌图

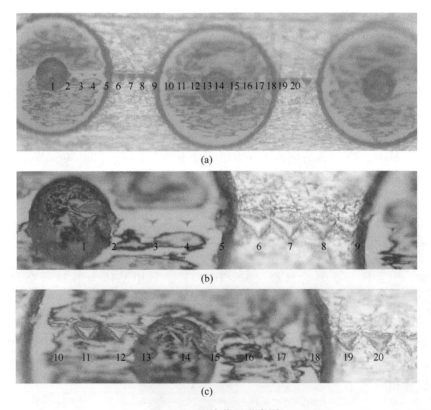

图 4-15　压痕位置示意图

（a）整体图；（b）第一根纤维及基体局部放大图；（c）第二根纤维及基体局部放大图

纤维增强树脂基复合材料测试相同。所有压痕点分布于 3 根纤维表面以及它们所形成的界面及基体上，取具有代表性的前 20 个点作为研究对象，其中压痕 1~9 局部放大，如图 4-15（b）所示，压痕 10~20 局部放大，如图 4-15（c）所示。从图中可以看出压痕 1、14 位于纤维中心的碳芯上，压痕 3、4、10、11、12、16、17 等分布于纤维上，而压痕 5、9、18 则分布于纤维边缘处即界面位置，压痕 2、13、15 则分布于碳芯和 SiC 界面处，其他点则分布于基体处。

4.6.3 实验结果分析

4.6.3.1 载荷与压痕深度关系分析

图 4-16（a）为不同点处的载荷与压痕深度曲线，从图中看出在相同深度下，SiC 纤维上的载荷最大约为 650mN，加卸载曲线斜率近似相同，同时相对应的残

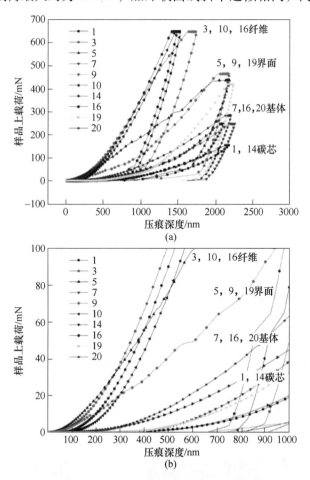

图 4-16 SiC/Ti-15-3 不同位置载荷-位移曲线

（a）载荷-位移曲线图；（b）局部放大图

余压痕深度最小为 730nm，说明 SiC 纤维具有较高的抵抗弹性变形的能力。而对于点 9 以及点 5 由于位于纤维边缘，在最大压痕深度下所对应的载荷是 436mN，为 SiC 纤维的 0.67 倍，对应的承载能力减小 33%。

从图 4-16（b）中能够清晰地看到：压痕 5 和 9 在材料中的位置明显不同，压痕 5 临近纤维一侧，而压痕 9 则靠近基体一侧，因此导致两者的载荷-位移曲线具有很大差异。压痕 5 在加载开始阶段至 500nm 压深时，其加载曲线与纤维上压痕曲线重合，说明在该压深下压头下方接触的是纤维。随着压痕深度的增加，压头下方变形区逐渐向界面区过渡而导致加载曲线的斜率逐渐变小，说明压痕深度在 500nm 以上，所测的性能为界面和纤维共同的力学性能。对于压痕 9，在加载开始压头接触的为界面区，所以在加载初始曲线的斜率就相对压痕 5 较小，如图 4-16（b）所示，并且在相同压痕深度下所对应的载荷值也明显小于压痕 5 的值。当加载到 1500nm 深度的时候，加载曲线斜率明显变小，这是压头下方纤维参加的变形的体积分数减小所导致。当压痕深度从 800nm 左右到最大压痕深度 2000nm，加载曲线斜率保持不变，说明此时的弹性模量为一定值。

对于位于基体上的压痕点 7、16、20 数据的重复性很好，说明利用纳米压痕测量其力学性能是可靠的，从图中能够发现，基体的抗载能力显著弱于纤维和界面，在最大压痕深度下所对应的载荷为 200mN 左右，分别是纤维和界面的承载能力的 31% 和 45%。但基体处残余压痕深度较大，平均为 1600nm 左右，是纤维的 2.2 倍，说明在相同的压痕深度下基体的塑性变形显著高于纤维。纤维中心的碳芯承载能力最弱，它的作用为在其上化学沉积 SiC 纤维。

4.6.3.2 弹性模量分析

图 4-17 为不同位置的弹性模量与位移的变化曲线。纤维的模量在 300nm 后趋于平稳，并且具有很好的重复性，其测得的平均模量值为 300GPa 左右，较成型前减少 33%。界面处的模量考虑到纤维的影响而取在 600～1400nm 的范围内，其平均值为 170GPa 左右，而基体的模量则为 90GPa，较成型前减少 20%。文献[4]中所给出该材料的模量值都明显大于本章在线测得的模量值，其主要原因在于文献中所给出的模量为复合前各材料所对应的模量值，通过压痕在线测量发现复合后各组分的模量值都有所减小。

4.6.3.3 纳米硬度分析

图 4-18 为不同位置的纳米硬度与位移的变化曲线，从中发现其变化规律与模量相同，但压痕 9 较压痕 5 有明显的下降趋势，值也明显小于压痕 5 的数值，

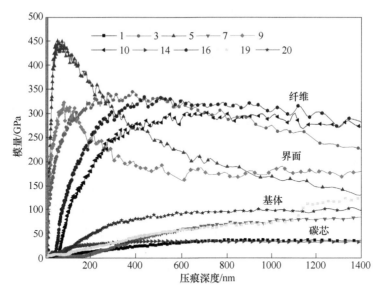

图 4-17　不同位置模量-位移曲线

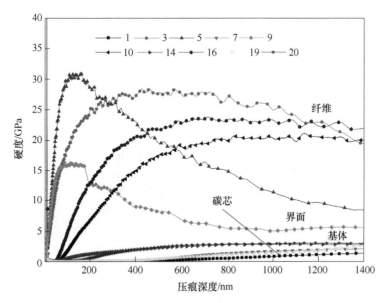

图 4-18　不同位置纳米硬度-位移曲线

其主要原因在于，加载初始阶段压痕 5 中参与变形的纤维体积含量要大于压痕 9，因此导致在整个测试过程中，压痕 5 的硬度要显著大于压痕 9。最终利用纳米压痕得到的 SiC/Ti-15-3 复合材料的力学性能如表 4-2 所示。

表 4-2　SiC/Ti-15-3 复合材料纤维、界面、基体的力学性能

位置	压痕深度/nm	载荷/mN	弹性模量/GPa	纳米硬度/GPa
纤维	2000	650	300	25
界面	2000	436	140	7.5
基体	2000	200	90	3

4.7　本章小结

本章利用纳米压痕技术研究了碳纤维增强树脂基、SiC/Ti-15-3 复合材料的基本力学性能，其中碳纤维增强树脂基复合材料中纤维的模量为 70GPa，较复合前减少 12.5%，基体树脂的弹性模量为 3.4GPa，相对复合前增加 3%，而界面区弹性模量处于两者之间其平均值为 7GPa。SiC/Ti-15-3 复合材料中 SiC 纤维和 Ti 基体模量分别为 300GPa 和 90GPa，较复合前要小。

参 考 文 献

［1］ Bolshakov A，Pharr G M. Influences of pileup on the measurement of mechanical properties by load and depth sensing indentation techniques ［J］. J Mater Res，1998，13（4）：1049~1058.

［2］ Pascual A M，Gómez F M，Ania F，et al. Nanoindentation assessment of the interphase in carbon nanotube-based hierarchical composites ［J］. J Phys Chem C，2012，116（45）：24193~24200.

［3］ Bolshakov A，Pharr G M. Influences of pileup on the measurement of mechanical properties by load and depth sensing indentation techniques ［J］. J Mater Res，1998，13（4）：1049~1058.

［4］ Xing Y M，Tanaka Y，Kishimoto S，et al. Determining interfacial thermal residual stress in SiC/Ti-15-3 composites ［J］. Scr Mater，2003，48（6）：701~706.

5 碳纤维增强树脂复合材料细观蠕变性能研究

<<<<<<<<<<<<<<<<<<<<<<<<<<<<<<<<<<<<<<<<<<<<<<<<<<<<<<<<<<<<

蠕变对碳纤维增强树脂复合材料的性能产生了十分重要的影响，例如弹性模量、硬度、抗疲劳等，它是导致材料失效的主要影响因素[1~3]。因此，深入研究碳纤维增强树脂复合材料的蠕变性能具有重要的理论意义和应用价值。蠕变是指对于固体材料，在保持应力不变的前提下，应变随着时间的增加而增加的一种现象[4]。单轴拉伸[5]是比较传统且经典的测量蠕变的方法，但是它存在很多明显的缺点，需要大量试样和较长的测试时间，在常温状态下，材料的蠕变现象不是很明显。与此不同的是，本章利用的纳米压痕测试技术避免了这些缺陷，它的测试周期较短、试件制备简单，并且测试精度很高，更有利于获得材料的蠕变性能指标[6~8]，常温下也可以有效地测量材料的蠕变性能。纳米压痕测试技术适用于测量薄膜、涂层等体积较小的材料力学性能[9]。

5.1 实验方法

如图 5-1 所示，实验使用具有几何相似性的 Berkovich 压头，它的钝化半径 R 为 200nm。本实验选用了两种不同的峰值载荷 2mN 和 10mN，并分别设置了 9 个压痕测试点。首先，Berkovich 压头以 10nm/s 的速度开始接触试件表面，使得压头逐渐压入试件；然后将载荷加载到预先设置的最大载荷，并在最大载荷下保载 500s，使压头底部附近的材料发生蠕变变形；在保载结束后，载荷从最大载荷卸载到零；最终根据压痕蠕变位移随时间的变化规律得到碳纤维增强树脂复合材料三种不同相态的蠕变参数。

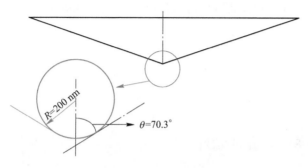

图 5-1 Berkovich 压头

5.2 实验原理

5.2.1 蠕变速率和蠕变应力指数

利用 Berkovich 三棱锥压头的几何相似性，可以定义蠕变应变率 $\dot{\varepsilon}$ 为压痕位移应变率 $\dot{h}$ 与当前压入深度 h 的比值[10]：

$$\dot{\varepsilon} = \frac{\dot{h}}{h} = \frac{dh}{dt}\frac{1}{h} \tag{5-1}$$

$$\sigma = \frac{F}{A} \tag{5-2}$$

$$A = 24.56 \times (h + 0.06R)^2 \tag{5-3}$$

式中，F 为载荷；R 为压头钝化半径；A 为投影面积；σ 为应力。

在保载条件下，压入深度 h 随时间 t 的变化可根据以下经验公式[11]对保载段位移-时间曲线进行拟合：

$$h = h_0 + a(t - t_0)^b + kt \tag{5-4}$$

式中，a、b、k 均为拟合参数；h_0、t_0 分别为蠕变起始点的压头深度和时间。

对于稳态蠕变阶段[12]：

$$\dot{\varepsilon} = c\sigma^n \exp\left(\frac{-Q}{RT}\right) \tag{5-5}$$

式中，n 为材料的蠕变应力指数；c 为材料本身性质相关的常数；Q 为材料的蠕变激活能；R 为气体常数。

在恒定温度下稳态阶段的蠕变，压痕蠕变应变率 $\dot{\varepsilon}$ 和应力 σ 符合幂定律型的蠕变本构模型[13]：

$$\dot{\varepsilon} = \lambda\sigma^n \tag{5-6}$$

式中，n 为材料蠕变应力指数；λ 为与材料相关的常数。

根据公式（5-1）和公式（5-2）对压痕应变率 $\dot{\varepsilon}$ 和材料应力 σ 的定义，可以进一步得到：

$$\frac{\dot{h}}{h} = \lambda\sigma^n \tag{5-7}$$

$$\frac{\dot{h}}{h} = \lambda\left(\frac{F}{A}\right)^n \tag{5-8}$$

对公式（5-8）两边同时取对数：

$$\ln\left(\frac{\dot{h}}{h}\right) = \ln\lambda + n\ln\left(\frac{F}{A}\right) \tag{5-9}$$

公式（5-9）两边同时对 $\ln\left(\dfrac{F}{A}\right)$ 进行求导，最终得到蠕变应力指数 n：

$$n = \frac{\partial\left(\ln\dfrac{\dot{h}}{h}\right)}{\partial\left(\ln\dfrac{F}{A}\right)} \tag{5-10}$$

5.2.2　复数模量

图 5-2 为 Kelvin-Voigt 模型。

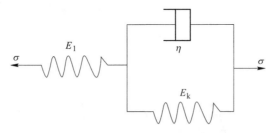

图 5-2　Kelvin-Voigt 模型

由 Kelvin-Voigt 模型得：

$$\varepsilon = \varepsilon_1 + \varepsilon_2 \tag{5-11}$$

式中，ε_1、ε_2 分别为第一、第二弹簧元件的应变；ε 为总应变。

E_1 的本构关系为：

$$\varepsilon_1 = \frac{\sigma_0}{E_1} \tag{5-12}$$

式中，σ_0 为恒定应力；E_1 为第一弹簧元件的复数模量。

并连体的本构关系为：

$$\varepsilon_2 = \frac{\sigma_0}{E_k}\left[1 - \exp\left(-\frac{E_k}{\eta}t\right)\right] \tag{5-13}$$

式中，η 为缓冲器的黏度；E_k 为第二弹簧元件的复数模量。

Kelvin-Voigt 模型本构方程为[13,14]：

$$\varepsilon(t) = \frac{\sigma_0}{E_1} + \frac{\sigma_0}{E_k}\left[1 - \exp\left(\frac{-E_k t}{\eta}\right)\right] \tag{5-14}$$

式中，t 为时间；$\varepsilon(t)$ 为应变。

Berkovich 三棱锥压头的蠕变方程表示为：

$$h^2(t) = \frac{3\pi}{8}P_0\cot\theta\left\{\frac{1}{E_1} + \frac{1}{E_k}\left[1 - \exp\left(-\frac{4E_k}{3\eta}t\right)\right]\right\} \tag{5-15}$$

式中，P_0 为恒定载荷；$h(t)$ 为压痕深度；θ 为锥形压头的半角，Berkovich 压头 θ 为 70.3°。

5.3 实验结果及分析

5.3.1 载荷与压痕深度

最大载荷为 2mN、10mN 的碳纤维增强树脂复合材料的载荷位移曲线如图 5-3 所示。其中 1~3 号压痕点处于碳纤维上，4 号和 5 号压痕点处于界面上，6~9 号点完全压在了基体中。当最大载荷为 2mN 时，纤维、界面、基体处的最大压痕

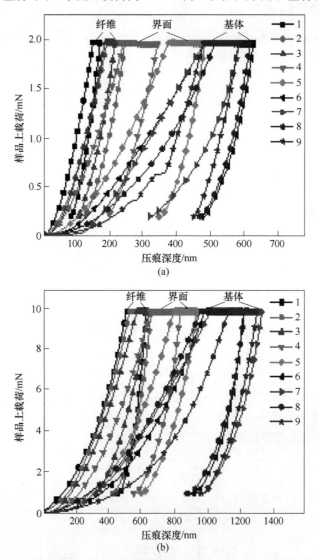

图 5-3　最大载荷分别为 2mN、10mN 碳纤维增强树脂复合材料的载荷位移曲线

（a）最大载荷为 2mN；（b）最大载荷为 10mN

深度分别为 192nm、374nm、515nm。当最大载荷为 10mN 时，纤维、界面、基体的最大压痕深度如图 5-3（b）所示，分别为 573nm、934nm、1324nm。通过上述分析，发现碳纤维增强树脂复合材料纤维、界面、基体的蠕变位移受载荷大小的影响。

在最大载荷下，保载 500s 使碳纤维增强树脂复合材料的不同相态发生蠕变，其表现为纳米压痕深度的明显增加。热漂移时间占据整个实验的 10%，由于碳纤维增强树脂复合材料纤维、界面、基体的弹性能力恢复不同，导致卸载曲线末端变化量大小不同。

图 5-4 为碳纤维增强树脂复合材料最大载荷蠕变位移曲线。可以看出，在相同蠕变时间条件下，纤维、界面、基体的蠕变位移受载荷大小的影响，最大载荷为 2mN 和 10mN 时，纤维的蠕变位移分别为基体的 1/3 和 1/2，界面的蠕变位移在两者之间。在相同的载荷和保载时间下，碳纤维抵抗蠕变变形的能力始终强于树脂基体。

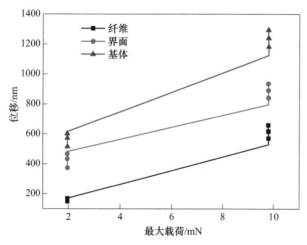

图 5-4　碳纤维增强树脂复合材料最大载荷蠕变位移曲线

5.3.2　蠕变位移

图 5-5 为不同峰值载荷下的碳纤维增强树脂复合材料保载时间与蠕变位移曲线。在载荷相同的情况下，碳纤维增强树脂复合材料不同相态的蠕变位移都随保载时间呈非线性增长。其中，树脂基体在初始蠕变阶段，即保载开始的 100s 内，蠕变位移随时间呈急剧增加，此种现象称为瞬时蠕变现象。在稳态蠕变阶段，即保载时间大于 100s 后，蠕变位移曲线随时间呈线性增长趋势；纤维在保载时间内未出现瞬时蠕变现象，且蠕变位移变化较小，仅为 20nm，说明室温下纤维未发生蠕变；界面区的蠕变处于两者之间，即存在瞬时蠕变现象，但其变化较基体趋于平缓。

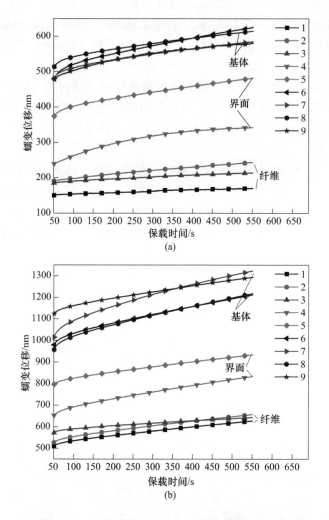

图 5-5　不同峰值载荷下的碳纤维增强树脂复合材料保载时间与蠕变位移曲线
（a）最大载荷为 2mN；（b）最大载荷为 10mN

根据文献［15］得：

$$d_{\max} = d(t_{\max}) - d(t_0) \tag{5-16}$$

式中，$d(t_0)$ 和 $d(t_{\max})$ 分别为蠕变时间内的初始和最终压痕深度；最大的 $d_{\max}$ 表示在相同载荷下具有最小的抗蠕变性能。根据公式（5-16）得到最大载荷为 2mN 时的纤维、界面、基体的最大 $d_{\max}$ 分别为 33nm、105nm 和 113nm；图 5-5（b）的纤维、界面、基体的最大 $d_{\max}$ 分别为 106nm、207nm 和 243nm。不难发现，基体的抗蠕变性能远远小于纤维，并且各相态的抗蠕变性能都随载荷的增大而降低，其主要原因是载荷越大所产生的弹塑性变形和蠕变变形越大。

5.3.3 蠕变速率

将公式（5-4）代入公式（5-1）中，可以得到蠕变速率与保载时间的关系，如图 5-6 所示。蠕变速率为单位时间材料的蠕变变形，即给定时间内蠕变曲线的斜率。在初始蠕变阶段，压头附近具有较多未能及时释放的弹性能，因此在此阶段出现的蠕变位移较大，产生明显的蠕变变形，从而导致保载初期的蠕变速率过大。在保载初期，蠕变速率受相态及载荷大小的影响，随着保载时间的增加，稳态蠕变速率趋于常量。在稳态蠕变阶段，不同峰值载荷下碳纤维增强树脂复合材料的保载时间与蠕变速率曲线的蠕变速率取值都小于 0.1%，说明碳纤维增强树脂复合材料具有较好的抗蠕变性能。

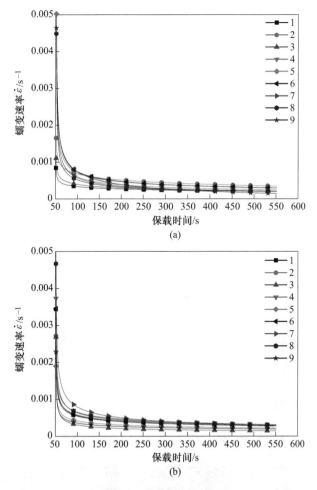

图 5-6 不同峰值载荷下碳纤维增强树脂复合材料的保载时间与蠕变速率曲线

（a）最大载荷为 2mN；（b）最大载荷为 10mN

5.3.4 蠕变应力指数

利用公式（5-4），可以得到不同峰值载荷下的保载时间与蠕变位移（h-t）拟合曲线，然后根据公式（5-9）进行双对数曲线拟合（$\ln\dot{\varepsilon}$-$\ln\sigma$），并计算出实验曲线的斜率，即为蠕变应力指数 n。图 5-7 为碳纤维在最大载荷 10mN，保载 500s 条件下的 h-t 曲线，其与实验结果相吻合。图 5-8 为在上述条件下的蠕变应力指数变化曲线。可以看出，该点的初始蠕变阶段的蠕变应力指数为 12.2，稳态阶段的蠕变应力指数为 1.9，说明碳纤维增强树脂复合材料在初始蠕变阶段对应力比较敏感，稳态阶段的蠕变应力指数为该材料的蠕变应力指数。

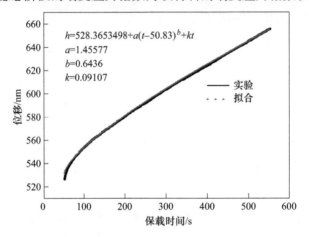

图 5-7　碳纤维增强树脂复合材料 h-t 拟合曲线

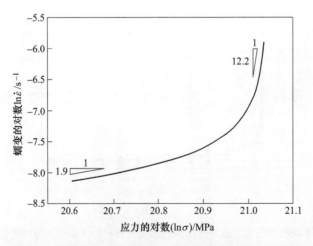

图 5-8　碳纤维增强树脂复合材料蠕变应力指数变化曲线

利用上述处理碳纤维增强树脂复合材料的蠕变应力指数的方法，对实验的所有曲线进行拟合（拟合相关系数 R_2 均大于 0.956），从而获得碳纤维增强树脂复合材料基体、界面、纤维的蠕变应力指数分别为 3.6、2.9、2.1。

5.3.5 Kelvin-Voigt 模型拟合参数

根据公式（5-15）得到碳纤维增强树脂复合材纤维、界面、基体的第一、第二弹簧元件的复数模量和缓冲器的黏度，如表 5-1 和表 5-2 所示。

表 5-1　最大载荷为 2mN 的碳纤维增强树脂复合材料的 Kelvin-Voigt 模型拟合参数

参数	纤维	界面	基体
E_1/GPa	122.38	40~80	33.39
E_k/GPa	15.47	4~9	3.37
η/GPa·s	1144.25	340~900	319.08
R^2	0.96296	0.95341	0.95462

表 5-2　最大载荷为 10mN 的碳纤维增强树脂复合材料的 Kelvin-Voigt 模型拟合参数

参数	纤维	界面	基体
E_1/GPa	154.54	35~100	22.34
E_k/GPa	12.70	5~8.5	3.43
η/GPa·s	1042.00	300~1000	362.50
R^2	0.95781	0.96357	0.95493

5.3.6 蠕变柔量

蠕变柔量用以描述材料发生的蠕变变形随时间而增加的参量[15]，表示为：

$$J(t) = \frac{\varepsilon(t)}{\sigma_0} \tag{5-17}$$

式中，$J(t)$ 为蠕变柔量。

根据公式（5-15）和公式（5-17）得：

$$J(t) = \frac{1}{E_1} + \frac{1}{E_k}\left[1 - \exp\left(\frac{-E_k t}{\eta}\right)\right] \tag{5-18}$$

在保载阶段，应力为恒定载荷，根据公式（5-18）所得的蠕变柔量如图 5-9 所示。因为纤维、界面、基体的初始蠕变柔量与终了蠕变柔量的差值（差值越大，越容易发生蠕变）分别为 $0.1\mathrm{GPa}^{-1}$、$0.3\mathrm{GPa}^{-1}$、$0.6\mathrm{GPa}^{-1}$，所以基体比纤维更容易发生蠕变现象。运用 Kelvin-Voigt 模型得到的结论与利用 Berkovich 三棱锥压头的几何相似性得到的蠕变现象一致。

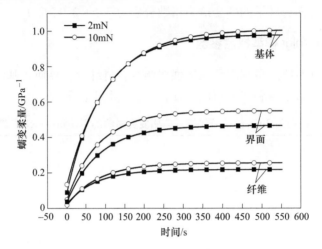

图 5-9 碳纤维增强树脂复合材料的时间与蠕变柔量曲线

5.4 本章小结

（1）在相同蠕变时间下，最大载荷为 2mN 和 10mN 的纤维蠕变位移分别为基体的 1/3 和 1/2，界面的蠕变位移介于纤维和基体之间。

（2）在稳态蠕变阶段，所有蠕变速率曲线的取值都小于 0.1%，说明碳纤维增强树脂复合材料具有较好的抗蠕变性能。

（3）对碳纤维增强树脂复合材料三种不同相态的蠕变应力指数进行研究得到：纤维的蠕变应力指数 n 为 2.1；界面的 n 为 2.9；基体的 n 为 3.6。

（4）运用 Kelvin-Voigt 模型得到碳纤维增强树脂复合材料各相态的第一、第二弹簧元件的复数模量（E_1、E_k）及缓冲器的黏度 η。

参 考 文 献

［1］ Mu X Y. Creep Mechanics ［M］. Xi'an：Xi'an Jiaotong University Press，1990：67.

［2］ Nabarro F R N，De Villiers H L. The Physics of Creep ［M］. London：Taylor and Francis，1995：113.

［3］ Li W B，Henshall J L，Hooper R M，et al. The mechanisms of indentation creep ［J］. Acta Metall. Mater，1991，39：3099~3110.

［4］ 孟龙晖，杨吟飞，何宁. 纳米压痕法测量 Ti6Al4V 钛合金室温蠕变应力指数 ［J］. 稀有金属材料与工程，2016，45（3）：617~622.

［5］ Ranaivomanana N, Stephane M, Turatsinze A. Basic creep of concrete under compression, tension and bending［J］. Construction and Building Materials, 2013, 38 (9): 173~280.

［6］ Mahmudi R, Roumina R, Raeisinia B. Investigation of stress exponent in the power-law creep of Pb-Sb alloys［J］. Materials Science & Engineering A (Structural Materials: Properties, Microstructure and Processing), 2004, 382 (1~2): 15~22.

［7］ Gao Y, Wen S P, Wang X H, et al. Investigation on indentation creep by depth sensing indentation［J］. Journal of Aeronaut Mater, 2006, 26 (3): 148.

［8］ Ma X, Yoshida F. Rate-dependent indentation hardness of a power-law creep solder alloy［J］. Applied Physics Letters, 2003, 82 (2): 188~190.

［9］ 易楠, 顾轶卓, 李敏, 等. 碳纤维复合材料界面结构的形貌与尺寸的表征［J］. 复合材料学报, 2010, 27 (5): 36~40.

［10］ Raman V, Berriche R. An investigation of the creep processes in tin and aluminum using a depth-sensing indentation technique［J］. Journal of Materials Research, 1992, 7 (3): 12.

［11］ Li H, Ngan A H W. Size effects of nanoindentation creep［J］. Journal of Materials Research, 2004, 19 (02): 513~522.

［12］ Shen B L, Itoi T, Yamasaki T, et al. Indentation creep of nanocrystalline Cu-TiC alloys prepared by mechanical alloying［J］. Scripta Materialia, 2000, 42 (9): 893~898.

［13］ Fischer-cripps A C. A simple phenomenological approach to nanoindentation creep［J］. Materials Science & Engineering A (Structural Materials: Properties, Microstructure and Processing), 2004, 385 (1~2): 74~82.

［14］ Peng G, Zhang T, Feng Y, et al. Determination of shear creep compliance of linear viscoelastic solids by instrumented indentation when the contact area has a single maximum［J］. Journal of Materials Research, 2012, 27 (12): 1565~1572.

［15］ Fu K K, Sheppard L R, Chang, L, et al. Length-scale-dependent nanoindentation creep behaviour of Ti/Al multilayers by magnetron sputtering［J］. Materials Characterization, 2018, 139: 165~175.

6 几何相位分析法研究碳纤维增强
树脂基复合材料裂纹周围应变场

<<<<<<<<<<<<<<<<<<<<<<<<<<<<<<<<<<<<<<<<<<<<<<<<<<<<

  碳纤维增强树脂基复合材料层合结构是目前复合材料实际应用的主要形式。其强度预测与破坏分析是应用复合材料时必须解决的关键问题，因此在复合材料研究领域受到广泛关注。然而，目前的研究多集中于理论与有限元模拟研究，涉及的实验研究也都局限于宏观力学性能测试方面，很少深入到细观尺度。因此，本章利用电子束云纹法（electron beam moire finger method，EBMFM）结合几何相位分析法（geometric phase analysis，GPA），研究碳纤维增强树脂基复合材料层合板在面内沿 0°纤维层方向拉伸载荷作用下破坏规律，分析了不同破坏形式裂纹附近应变场分布，为复合材料层合板在宏观载荷下细观破坏机理及其工程应用提出必要的实验依据。

6.1 材料与试样制备

  试验所用碳纤维增强树脂基复合材料层合板厚度为 2mm，纤维直径为 6μm，纤维铺层为 $[0/45/90/-45]_{2s}$，共计 16 层。利用金刚石锯片切出宽 3mm，沿零度纤维方向长 33mm 的薄片试样，其试样尺寸如图6-1 所示，其中 A 区形貌如图6-2（a）所示。通过打磨、抛光将试样横截面打磨平整并且保证表面粗糙度在20nm 左右。

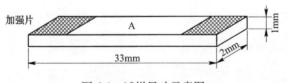

加强片   A   1mm

33mm   2mm

图 6-1 试样尺寸示意图

  在试样上边缘第二层位置即图 6-2（a）红色方框所示区域内，制备频率为2781 线/mm、栅距 $p = 359$nm 的正交光栅，所用放大倍数为 750 倍，分辨率为1536×1024。光栅涵盖了−45°、0°、+45°以及 90°四层纤维层，如图6-2（b）所示。其中箭头方向为 0°纤维方向即施加载荷方向。光栅局部放大图如图 6-2（c）所示，从图中可以看出所制备光栅具有很高质量，能够很好地满足细观测试需要。

  最后将制备有高频正交光栅试样两端粘贴加强片，并装配于扫描电子显微镜中的 Microtest 微型拉伸台上，沿纤维 0°方向进行拉伸试验。Microtest 微型拉伸台是

Gatan 公司为扫描电子显微镜实现同步拉伸并能实时观测而特殊设计的专用设备。其力的范围为 0~2kN，精度为 0.01N；位移范围为 0~33mm，精度为 0.01mm。

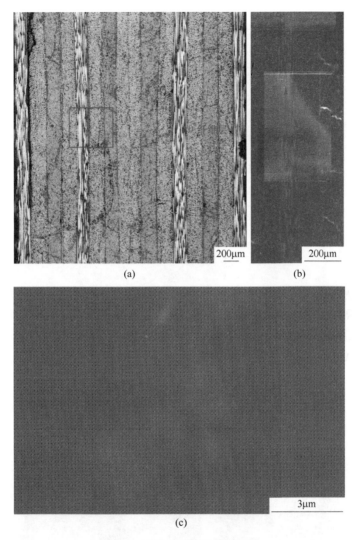

图 6-2　试样表面以及光栅形貌

（a）试样表面形貌；（b）光栅形貌；（c）光栅局部放大图

6.2　电子束云纹实验结果分析

将装配好试样的微型拉伸台安装在扫描电子显微镜的试样台上，并施加 2N 初始载荷，使试样保持拉直状态。电子束云纹法测试中，放大倍数采用 1500 倍，为了保证参考栅与试样栅栅距同为 359nm，分辨率则采用 768×512。其他参数与制备光栅时所用参数相同，这样保证能够得到未有条纹出现的零场，如图 6-3 所示。该图片包括 0°纤维层、±45°纤维层和 90°纤维层以及层与层之间的富树脂区，其中有部分-45°纤维、完整的 0°和 45°纤维层以及 90°纤维层。

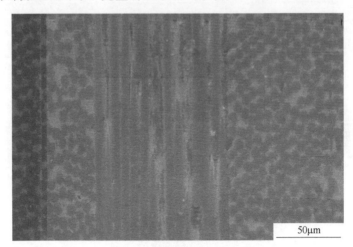

图 6-3   零场云纹图

图 6-4 为对应 530MPa 拉伸应力下的云纹图。从图中可以看出条纹之间相互平行且间距相等，并连续通过各层，说明该区域变形比较均匀，并且未有裂纹出现。图中上下边缘的测量标距为 183.81μm，而在该测量范围内共有 8 条条纹，则对应的位移为：$\Delta l = 8 \times 0.359 = 2.872 \mu m$，因此在该标距范围内其平均应变为 1.5%。

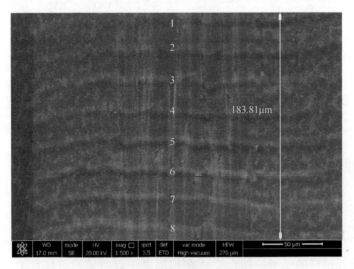

图 6-4   530MPa 云纹图

当应力为 830MPa 时，在同一界面区域云纹发生明显变化，如图 6-5 所示。从 6-5（a）可以看出，45°纤维层内的条纹数增加为 9 条，其对应的平均应变为

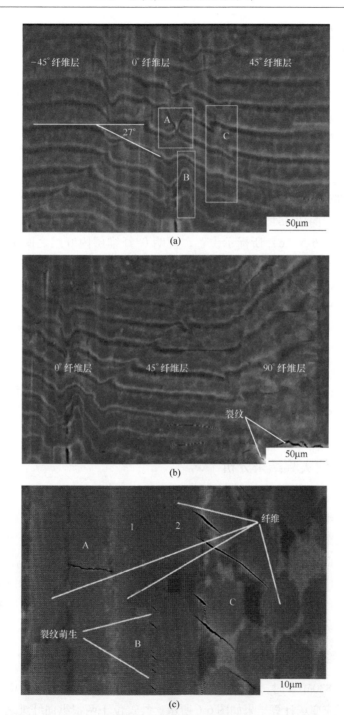

图 6-5　830MPa 云纹图

（a）-45°、0°、45°纤维层云纹图；（b）0°、45°、90° 纤维层云纹图；（c）A、B、C 局部放大图

1.73%。在接近 0°纤维层的界面处条纹发生明显弯曲，其与 0°纤维层内条纹之间的夹角为 27°，说明层间界面区发生明显剪切变形，其对应的层间剪应变为 51%。

0°纤维层内条纹数量由之前的 8 条变为 10 条，其对应的平均应变为 1.93%，其值较 45°纤维层内平均应变高出 12%，图 6-5（a）说明该区域随应力增加所承载的权重有所增加；并且条纹出现明显的扭曲，如图中 A、B 所示区域，其局部放大如图 6-5（c）所示。从图中能够发现 A 区对应为横向基体裂纹，其位于两根 0°纤维之间，纤维的存在对裂纹的扩展起阻碍作用。对于 B 区其局部放大如图 6-5（c）所示，该位置中的纤维 1 与纤维 2 之间的界面，由于剪切作用而出现了 5 条与水平方向成 45°方向，长度约为 0.8μm 的长裂纹，同时还萌发一系列微型斜裂纹，如图 6-5（c）所标示位置，说明 0°纤维层内纤维之间也存在较大的剪切变形。C 区为 0°与−45°纤维层之间层间界面区域，该区域条纹也发生明显的相对错动，出现间断跳跃，其局部放大亦如图 6-5（c）所示。从图中可以看出层间界面区内出现数条长度在 7μm 左右的 45°方向斜裂纹，该区域裂纹的数量和尺寸都明显大于 B 区纤维间裂纹的数量和尺寸，说明在相同应力下层间所承受的剪切要明显大于层内纤维之间的剪切作用。

图 6-5（b）中 90°纤维层内在 830MPa 应力下的条纹数量为 4 条，该纤维层相对应的平均应变为 0.8%，随着应力的增加而出现了卸载现象。该现象发生的主要原因为该层内存在贯穿整个纤维层的宏观裂纹，如图 6-5（b）所示，裂纹的存在明显降低了 90°纤维层对整体复合材料拉伸刚度的贡献。

6.3　几何相位实验结果分析

6.2 节中，电子束云纹在相对较大的视场内对碳纤维增强复合材料层合板在拉伸载荷下的细观力学行为给出了定量的分析，同时通过条纹的变化能够直观地反映其局部缺陷的存在，如图 6-5（a）所示。但由于产生云纹需要参考栅与试样栅相匹配，因此很难在相对高的放大倍数下形成云纹，也就不能给出某些微小缺陷或者裂纹周围变形场的定量分析，如图 6-5（c）中的各种裂纹周围的应变场分布等。基于此原因，本节利用几何相位法在较高的放大倍数下，给出复合材料层合板不同类型裂纹周围在细观尺度下的应变分布规律。

6.3.1　0°纤维层内基体横向裂纹周围应变场分析

在应力为 830MPa 时，0°纤维层内基体横向裂纹，即图 6-5（c）中的 A 区位置裂纹，其周围应变场计算结果如图 6-6 所示。裂纹位于两根纵向纤维之间与加载方向垂直，止于纤维边缘处。图 6-6（b）为裂纹 x 方向应变场，在裂纹右边缘处存在值为 6%左右相互对称的拉应变集中区域，图中红色位置，同时与其相垂直方向存在–6%的压应变，对应于图中的蓝色区域。其裂纹尖端的正应变随到裂纹边缘距离的变化趋势如图6-7所示，随到裂纹边缘距离的增加而呈现下降趋势，在0.9μm处其值减少到1%左右，说明该裂纹在x方向影响范围为0.9μm左右。

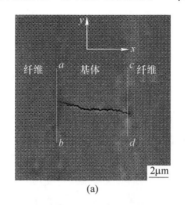

(a)

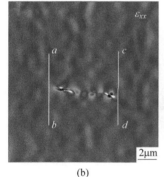 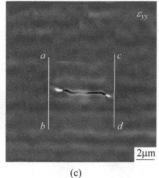 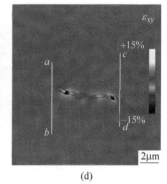

(b) (c) (d)

图6-6 基体横向裂纹周围应变场

（a）A区形貌；（b）ε_{xx}应变场；（c）ε_{yy}应变场；（d）ε_{xy}切应变场

y方向应变场如图6-6（c）所示，裂纹尖端存在拉应变集中区域，其最大值为8.3%，是0°纤维层平均应变的10.8倍，说明裂纹尖端具有明显的应力集中现象，该现象严重影响复合材料承载能力，裂纹尖端的应力集中是0°方向纤维断裂的主要原因。由于纤维的存在，基体裂纹不是严格的Ⅰ型裂纹，在裂纹尖端存在明显的剪切变形，如图6-6（d）所示，其最大值为6.3%，随到裂纹尖端距离的增加而减小，当距离为0.7μm时其值减小为零，如图6-7所示。由于裂纹尖端刚好处于纤维与基体之间的界面处，所以纤维的存在明显改变了裂纹尖端的应变场分布，剪切应变导致裂纹在纤维边缘将改变扩展方向，使其沿界面方向扩展。

6.3.2 0°纤维层纤维间剪切裂纹周围应变场分析

图6-8为0°纤维层内纤维间剪切裂纹周围应变场计算结果。由于两根0°纤维

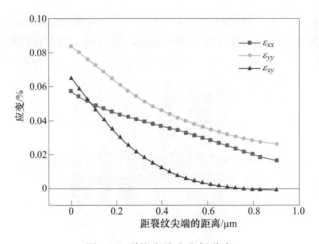

图 6-7   裂纹尖端应变场分布

之间为贫树脂区，在载荷作用下形成一系列与水平方向成 45°角微观剪切裂纹，其中最长的裂纹尺寸为 0.8μm，如图 6-8（a）中直线 cd 所示位置，长裂纹之间还存在一些处于萌生初期裂纹，从图中表现为光栅格点从圆点变为斜长形的椭圆点，如图中直线 ab 所经位置。剪切裂纹形成原因与塑性金属材料在轴向拉伸所

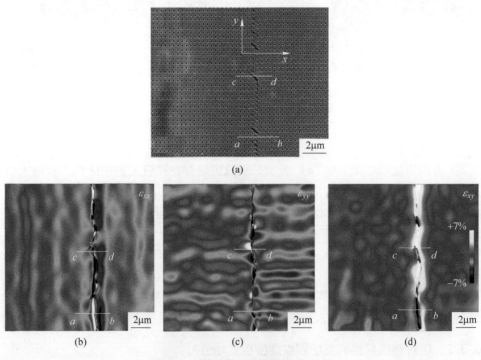

图 6-8   纤维间剪切裂纹周围应变场

（a）B 区形貌；（b）ε_{xx} 应变场；（c）ε_{yy} 应变场；（d）ε_{xy} 切应变场

形成45°方向的滑移相同，均是剪切变形所引起的结果。

　　裂纹周围 x 方向、y 方向以及剪切应变的分布，如图 6-8（b）~（d）所示，从图中可以看出 x 方向应变在不同位置变化不大，在 y 方向上被长裂纹分为三段，如图 6-8（b）所示，每段变化趋势相同。沿直线 ab 以及 cd 的变化趋势如图 6-9 所示，在裂纹萌生处两侧和长裂纹两侧 x 方向应变变化相同，对应的应变值也近似相等。裂纹周围都处于受压状态，并且裂纹右侧压应变略大于左侧应变。而线 ab、cd 所有曲线中央发生跳跃、突变是由于裂纹宽度所导致，不具备实际意义，关心区域为裂纹边缘的应变分布。通过 x 方向应变分析，说明纤维间剪切裂纹在扩展过程中对裂纹边缘 x 方向应变影响较小。

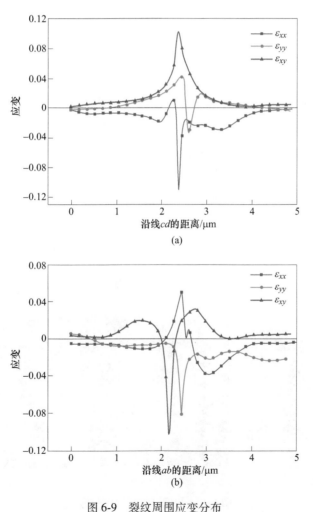

图 6-9　裂纹周围应变分布

（a）沿直线 cd 应变分布；（b）沿直线 ab 应变分布

裂纹周围 y 方向应变场与裂纹所处位置相关，并且其分布较为复杂，如图 6-8（c）所示。在裂纹萌生位置，由于纤维的存在而处于压缩状态，如图 6-9（b）所示。而在长裂纹边缘则处于拉伸状态，其最大值为 4.2%，说明在裂纹萌生及扩展过程中，y 方向应变状态发生改变。导致该现象的主要原因为纤维间的剪切变形。

图 6-8（c）为纤维间剪应变分布云纹图，图中发现裂纹两侧存在显著的剪切变形，随着裂纹长度的增加，剪切应变也随之增加。裂纹萌生位置最大剪应变为 3.2%，而长裂纹边缘最大剪应变则增加为 7.8%，增加了 2.4 倍，如图 6-9 所示。因此在承载过程中 0°纤维层内纤维间的剪切变形也是其破坏的一种主要形式。

6.3.3　层间裂纹周围应变场分析

0°与 45°纤维层间裂纹周围应变分布如图 6-10 所示。其中图 6-10（a）为区域局部放大图，从图中可以看出该位置裂纹方向与层间裂纹方向一致，都是与水平方向成 45°角。为了便于分析，建立如图 6-10（a）所示的坐标系，其中 x 方向为裂纹扩展方向，y 轴与其垂直。该区裂纹尺寸明显大于纤维间的裂纹尺寸，最长的裂纹为 14.5μm，是纤维间裂纹长度的 18 倍。裂纹萌生于 45°方向纤维层

图 6-10　层间裂纹周围应变场

（a）C 区形貌；（b）ε_{xx} 应变场；（c）ε_{yy} 应变场；（d）ε_{xy} 切应变场

的纤维界面处，即图中箭头所指位置。在剪切作用下，裂纹斜向扩展，受阻于纤维边缘，但第一根0°纤维边缘位置已被裂纹贯穿，说明层间在承载时，其剪切破坏程度显著大于纤维之间的破坏。

图6-10（b）为裂纹周围x方向应变分布，在0°纤维区域内大部分位置为压缩应变，但在裂纹萌生位置处存在较大的拉伸应变，其最大值约为3%。而y方向应变则与之相反，大部分处于拉伸状态，而且在最长的裂纹尖端处其值最大对应为5.5%，其影响范围为0.5μm左右，如图6-10（c）所示。对于剪切应变的分布如图6-10（d）所示，在图中标示区域存在大范围剪切带，使层间产生较大剪切变形，而延缓层间分层破坏。比较三种细观破坏形式，通过裂纹尺寸以及其周围应变场分布发现，层间剪切破坏是最为严重的一种破坏形式。

6.3.4　0°纤维断裂周围应变场分析

当应力增加为1200MPa时，0°纤维层层内发生大面积纤维断裂，如图6-11所示，其显著降低了复合材料的承载能力。最终加载到1400MPa，复合材料板发生完全断裂。

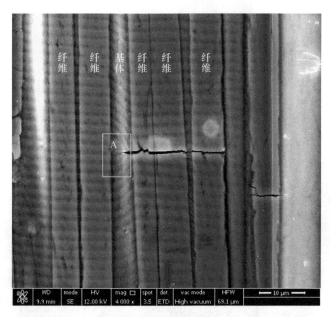

图6-11　0°纤维断裂

图6-11中共有三根纤维发生断裂，裂纹前端A区为基体区和两根未发生断裂的0°纤维，裂纹前端应变场如图6-12所示。裂纹尖端上下两侧x方向为压应变，其沿裂纹前缘直线ab的变化趋势如图6-13所示，尖端处应变最大为−3%，

距离裂尖 10μm 处，应变为零。但基体与纤维界面处，x 方向应变由压变为拉。y 方向应变分布如图 6-12（c）所示，可以看出在裂纹尖端存在显著的应变集中现象，随距离裂纹尖端的距离增加而逐渐减小，其沿直线 ab 的变化趋势如图 6-13 所示。裂纹尖端的应变最大值为 10%，切应变分布如图 6-12（d）所示，在裂纹处其最大值为 6.3%。

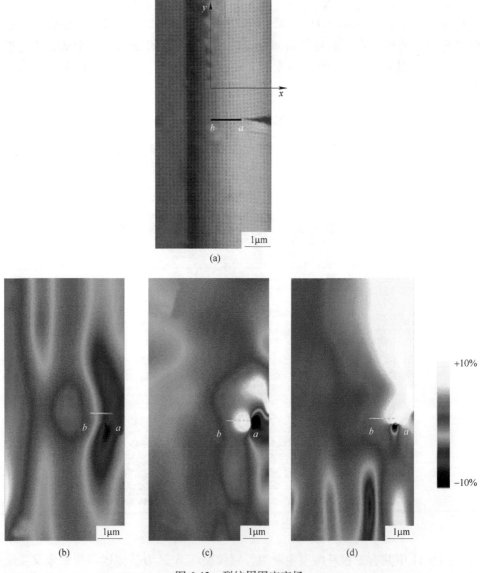

图 6-12　裂纹周围应变场

（a）A 区形貌；（b）ε_{xx} 应变场；（c）ε_{yy} 应变场；（d）ε_{xy} 切应变场

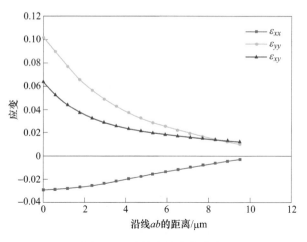

图 6-13　裂纹尖端应变分布

6.4　本章小结

　　本章综合利用电子束云纹法与几何相位法研究了碳纤维增强环氧树脂复合材料层合板在沿 0°纤维方向加载时的破坏方式。在加载应力为 530MPa 时，复合材料层合板呈现弹性变形，电子束云纹法测量其对应的应变为 1.5%，未发现明显裂纹。当应力增加为 830MPa 时，90°纤维层已出现贯穿整个纤维层的横向裂纹，其对应层间平均应变减小为 0.8%，出现明显卸载现象。同时 0°纤维层内出现了纤维间的基体开裂、纤维间的剪切破坏以及 45°纤维层与 0°纤维层界面处的剪切裂纹。利用几何相位法分析了三种形式破坏的应变场分布，比较得出三种形式的细观破坏以层间剪切破坏最为严重。当应力为 1200MPa 时，0°纤维层内出现了大面积纤维断裂，本章分析了其周围的变形场。最终应力增加到 1400MPa 时，层合板发生完全断裂。

7 云纹干涉法研究复合材料界面残余应力

7.1 试件制备

本实验所用的试件为单向连续 SiC 纤维增强 Ti-15-3 复合材料。基体为 Ti-15-3 合金（Ti-15V-3Cr-3Sn-3Al），它是一种新型的亚稳定 β 型钛合金，该合金不但具有高比强度、耐蚀等优良特性，还具有优异的冷加工特性，生产成本较低，可热处理强化等特点。SiC 纤维（SCS-6）是经化学气相沉积方法将 SiC 沉积在碳芯上得到的，在其外表面有一层 3~4μm 厚的碳涂层。SiC/Ti-15-3 采用高温（1152K）和热等静压（100MPa）成型工艺制成，长为 8.20mm，宽为 2.10mm，厚为 0.46mm，其形状与尺寸如图 7-1 所示。

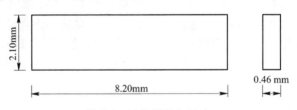

图 7-1　试件形状和尺寸

如图 7-2 所示。用光学测量显微镜测得 SiC 纤维的直径为 0.14mm（在室温下）。图中显示 SiC 增强纤维在基体钛中的分布具有一定的随机性。

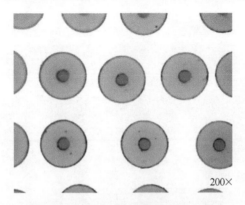

图 7-2　SiC/Ti-15-3 局部形貌显微图

7.2 转移光栅

光栅像一面镜子，其间距和方向用肉眼分辨不出，把光栅复制到试件上之前，需要一定的夹具和激光器，以确定光栅方位及其主方向，并且调整光栅和试件的相对位置。通常所用校正夹具如图7-3所示，包括平板基础 C 和多孔平行基础窄槽 D 以及可以调整的夹具 E 等。用双面胶将光栅固定在夹具 E 上，用低功率未经扩束激光源垂直照射光栅，调整夹具 E 上活动螺丝使正、负一级衍射光束落到 D 上的平行槽中。此时栅线方向精确地垂直于基础 C 和 x 轴。这时就可以往试件上转移光栅了。在转移光栅前先对试件表面进行打磨抛光处理，用酒精擦拭干净欲转移光栅的试件表面，除去表面可能存在的灰尘颗粒。

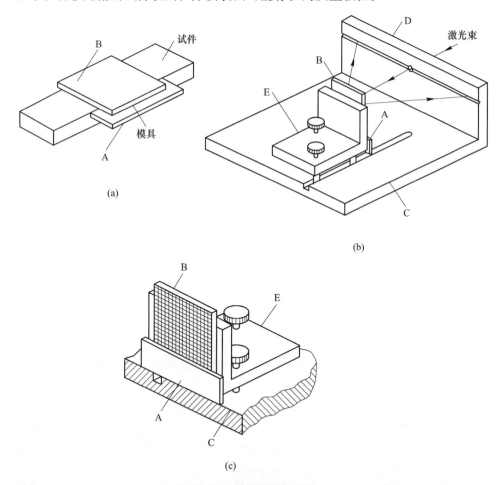

图 7-3 试件栅调整过程

（a）试样与模具组装；（b）调整光栅过程；（c）光栅调整后状态

接着配制粘结胶，一般可以使用北京橡胶十二厂生产的 XY-508 型室温固化粘结胶，此固化胶分为甲乙两组。配制时，在带有刻度的玻璃试管内将甲组和乙组按照质量比 3∶1 混合配制粘结胶，调匀后把玻璃试管放到医用 800 型离心沉淀器上高速旋转两分钟，排除所有气泡。接下来的工作是光栅转移，在光栅上均匀地涂上一层配制好的粘结胶，然后将其与打磨平整的试样粘结在一起，接着把一 300g 的砝码小心地压在试件上。这样，一方面可以防止粘结胶层不至于过厚；另一方面，可以在光栅转移完成后，从试件栅一侧能够看到 SiC 纤维的轮廓，以方便做纤维推出试验。光栅转移的工艺过程如图 7-4 所示。

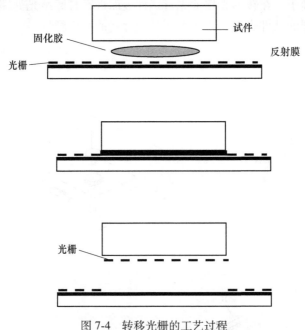

图 7-4　转移光栅的工艺过程

常温下固化三小时左右，粘结胶已经有一定的硬度，用刀片去除多余的粘结胶。二十四小时后粘结胶已完全固化，用刀片将光栅和玻璃（即光栅转移前的载体）分开，这时的铝膜光栅就全部转移到被测试件表面，同时铝膜表面涂覆一层脱膜剂，该脱模剂的主要作用是在转移光栅过程中易于将光栅从玻璃表面剥离。实验过程中脱膜剂需要除掉，用蘸有酒精的擦镜纸在脱模剂上擦拭一次即可去除，不需来回多次擦拭，否则会将光栅损坏。最后，光栅被完全地转移到试件表面，即形成了试件栅，其形貌如图 7-5 所示。

采用光栅复制法得到的试件栅其胶层厚度常在 $20 \sim 50\mu m$ 的范围内，一般情况下它对测量结果不会造成很大的影响。但当云纹干涉法用于研究细观区域的变形时，这种胶层厚度可能给测量结果带来较大的误差；当用云纹干涉法研究材料

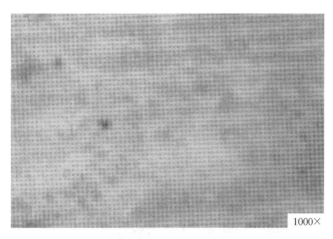

图 7-5 试件表面的光栅（1200 线/mm）形貌图

的动态力学行为时，胶层还会带来滞后影响。并且，由于环氧胶的耐高温性能差，采用光栅复制法得到的试件栅难以在 200℃ 以上的高温环境中使用，因此，零厚度光栅的制作技术越来越受到重视。研究者在零厚度光栅的制作技术方面已做了大量的探索研究，多种零厚度光栅的制作工艺相继报道，但零厚度光栅对试件表面的平整度和光洁度要求较高。图 7-6 是一种典型的制取零厚度光栅的工艺流程图。

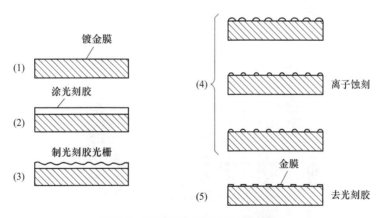

图 7-6 零厚度光栅制作工艺流程图

7.3 显微云纹干涉法实验

7.3.1 显微云纹干涉仪简介

本实验所用装置为清华大学航天航空学院工程力学系研制的显微云纹干涉

仪，如图 7-7 所示。光源是 He-Ne 激光器，激光波长为 632.8nm。该干涉仪利用分光镜分光，如图 7-8 所示，将激光耦合入光纤耦合器，通过光纤将激光引入测量光路，分光光路如图 7-9 所示。

图 7-7　显微云纹干涉仪

图 7-8　分光仪

　　激光到达第一个分光镜后，将对等的分为两束，其中的一束进行 u 场的测量，另外一束进行 v 场的测量，这个分光镜的分光比是 50%，即反射光与透射光光强相等。其中 u 场激光经过一个 1/2 波片后到达了另一个分光镜，这个分光镜的分光比同样是 50%，又被分成两束相干激光，分别耦合入光纤耦合器后，通过

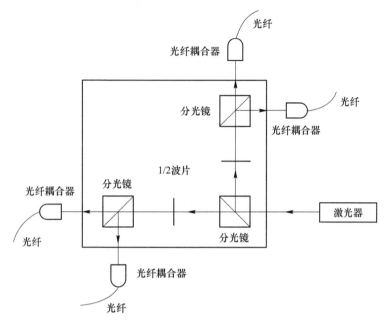

图 7-9 分光光路图

光纤引入光路测量系统。1/2 波片起到调整入射光偏振态的作用，还可调整分光镜所分两束光的对比度。与 u 场激光相同，v 场的激光也通过分光镜分成两束相干激光，通过光纤引入测量光路。

云纹干涉仪中有多个位置精确的反射镜，并且每一个反射镜均可独立地进行三维微调。运用四光路云纹干涉系统，由光纤传输的四束激光经过扩束后以固定角度 α 对称地入射到试件表面，如图 7-10 所示。B_1 和 B_2 沿 x 方向入射到光栅表面形成纵向虚光栅，光栅频率为 2400 线/mm，与试件表面的衍射光栅相互干涉后形成 u 场条纹；B_3 和 B_4 沿 y 方向入射到光栅表面形成横向虚光栅，与试件表面的衍射光栅相互干涉后形成 v 场条纹。

7.3.2 零场调节

实验前，云纹干涉仪需要调节零场。为了降低外界干扰，整个云纹干涉仪放置于隔振台上。每根光纤都被固定在一个可以微调的支座上，从光纤发射出的激光束先照到一个可调的反射镜上，经反射后照到一个扩束镜上，经扩束后再照到一个可调的反射镜上，经反射后到达试件光栅，由光栅衍射的光束经成像透镜会聚后照到 MINTRON 1132C 型 CCD 上成像。该型号的 CCD 是日本 AVENIR TV ZOOM LENS 12.5-75mm F1.8 可变焦镜头。云纹干涉仪内部光路如图 7-11 所示。

在光路调节的过程中，通过微调光纤出射角度和两个反射镜的角度，最终使

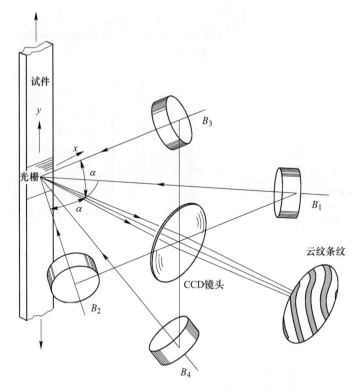

图 7-10   四光路云纹干涉系统原理图

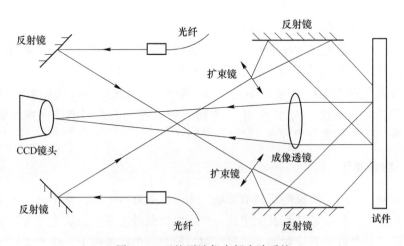

图 7-11   云纹干涉仪内部光路系统

每一束扩束后的激光束能够照到试件贴有光栅的区域，并且对称分布于待观测区域两侧。由于云纹干涉仪中的各个反射镜的位置都经过精确计算，因而入射到试件栅的两光束基本接近所要求的入射角。由于试件栅的衍射，在各个方向都有衍射光，反射角等于入射角的衍射是 0 级衍射光，其他方向依次为 1、2、3、…级次衍射光而另一侧为-1、-2、-3、…等级次衍射光，两束光中 1 级衍射光会由成像透镜汇聚到 CCD，同时另一束光的-1 级衍射光也由成像透镜汇聚到 CCD，这两束光的干涉结果就被 CCD 所记录，成为 u 场或 v 场云纹图。如要得到清晰的像，需要调整两束 1 级和-1 级衍射光经成像透镜汇聚于一点。调节过程中可在 CCD 前安装一个十字形定位装置，分别调整反射镜和试件的方位，把衍射汇聚的光斑都调节到十字形的中心，则衍射光斑就实现了重合，并且 CCD 镜头对正。成像透镜使用细观透镜，焦距 $f=40$mm。

CCD 通过图像采集卡连接到计算机，CCD 前方安装有一个长焦镜头，可以较大范围调焦，从而可使计算机屏幕上得到清晰的云纹图。试件被安放在一个多维调节装置上，如图 7-7 左侧所示，该装置可以实现 x、y、z 三个方向的独立平动和转动，还可以给试件加载，并且该装置上还安装了测力传感器，可以实时测得载荷的大小。预先调节各个部件，在计算机显示屏上观察图样，应出现清晰的试件的影像，并且能看到云纹，如果干涉条纹较多，说明光路没有调节到零场。经过反复调节反射镜和试件所处位置，使干涉条纹达到最少或者没有，此时的干涉条纹图称作零场条纹图，如图 7-12、图 7-13 所示。

图 7-12　零场云纹图（u 场）

零场条纹图的条纹越少，表明光路调节得越理想，实验结果越准确。在调节光路系统时还必须注意试件栅的主方向（如 x）是否和水平面重合。如试件栅主方向与水平面有夹角存在，则试件栅具有相对于光路系统的面内转动位移，因而会出现反映这一转动位移场的转角云纹条纹，此时不能获得准确的零场条纹图。通过调节固定试件的调节座，转动试件栅，可以消除转角云纹条纹。

图 7-13　零场云纹图（v 场）

7.3.3　实验过程

　　本实验主要研究界面热残余应力场分布，条纹零场调节完毕，取下试件，利用纤维推出装置推出第一根纤维，再将试件原路放在云纹干涉仪中，期间，云纹干涉仪的光路不允许再调节。如果放上推出纤维的试件后，在没有推出纤维的局部区域可认为是零场，此时若是零场条纹较密，则可通过微调多维调节座，再次使此处条纹最稀疏。把视场移到所推出纤维的区域，记录推出界面附近的热残余应力释放后所对应的条纹图。

　　由于上述残余变形较小，如果把云纹图调到最稀疏状态，则云纹图变化趋势不易观察。为解决此问题，可以在此基础上叠加适当的表征试件刚体位移（变形）的载波条纹，这样可以较容易观察到云纹图在孔边的变化趋势，更有利于计算。获得第一根纤维的孔边云纹变化趋势的云纹图，并计算所对应的孔边的热残余应力。然后再次取下试件，推出与上述第一根纤维相邻的第二根纤维，记录两根纤维被推出后的热残余应变变化趋势的云纹图，并计算两孔之间的热残余应力。再与推出第一根纤维时的云纹图和计算结果进行比较，分析其变化规律。选取不同的纤维间距和不同的纤维位置，重复上述实验过程，得到两相邻纤维之间区域界面处热残余应力场随相邻纤维间距变化的规律。

7.4　纤维推出实验

　　由于在本实验工作中所用的试件比较薄，由弹性理论可知沿纤维轴向的界面剪切残余应力比较小，因此，纤维推出后只是释放界面径向残余应力，而不能测量界面轴向平均剪切应力或剪切强度。

　　试件放置在试样台上，贴有光栅的一面向上，试样台可以左右移动，利用此装置可以调整试件的位置。为了将纤维推出，试样台上留有一宽 160μm 的缝隙，被推出的纤维必须准确定位在这一缝隙内，以便被压头推出。

实验中所使用的微型压头是推出装置的关键部件，其直径必须小于纤维直径，而且要有足够的强度。本实验采用日本 UNION TOOL 公司生产的微型压头，其直径为 0.07mm。微型压头的显微形貌照片如图 7-14 所示。

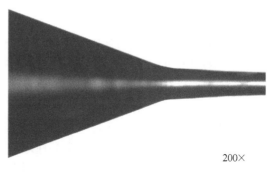

200×

图 7-14　微型压头

为了防止纤维推出过程中破坏纤维与基体界面的试件栅表面，应该在贴有光栅一侧向另一侧推出纤维。但存在的问题是较难找到增强 SiC 纤维的精确位置，这里采取的办法是用两台专用的测量显微镜在相互垂直的位置调整光源，使得光线经过试件栅反射后，在两台光学显微镜都能清楚观察到试件，并且在试件栅上能够看到纤维的轮廓。找到需要推出的纤维后，立即用两台显微镜在两个相互垂直的方向上定好位，这时就可以操纵微型压头，使之缓慢地下降直到将要接触到试件栅上的纤维轮廓后，控制其再缓慢下降大约 0.4~0.5mm 后纤维则被推出。纤维推出后，慢慢地提起微型压头，保证界面处的光栅不被破坏。在纤维推出过程中需要特别强调的是一定要定位准确，否则极易损坏微型压头。被推出的纤维形貌如图 7-15 所示。

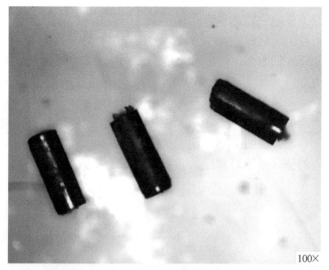

100×

图 7-15　被推出的纤维形貌图

7.5 界面残余应力的理论求解

7.5.1 理论分析模型

为了描述界面残余应力场，诸多理论模型已被建立，主要包括同心球体模型、同心圆柱体模型、Eshelby 模型和有限元模型等。同心球体模型适合于颗粒增强复合材料，假定增强体为球形，复合材料单元体外包围一球壳状基体，该体系具有空间球对称性，由于这类问题比较简单，可分析弹塑性状态下复合材料的热残余应力。同心圆柱模型适合于长纤维增强复合材料，假定增强纤维为圆柱体状态，复合材料单元体周围包围一个圆柱形基体，该体系具有空间轴对称性，可分析弹性状态下复合材料的热残余应力。同心球体模型和同心圆柱体模型在处理边界问题时，都假定复合材料单元体的外表面为自由表面。Eshelby 模型也即等效夹杂物模型，最早是由 Eshelby 提出来的。经过改进和发展后，该模型不但能计算出复合材料中的热残余应力，同时也是分析复合材料力学问题的有效手段，尤其是适用于非连续增强金属基复合材料体系。

复合材料的热残余应力问题实际上非常复杂，有时很难通过解析方法求解。随着计算机技术的发展，数值求解方法已成为一种有效的求解分析材料性能的方法。其中，有限单元法解决复合材料的热残余应力和力学问题非常有效，并成为一种不可或缺的研究方法。

7.5.2 理论模型及其计算

本章所用的理论模型如图 7-16（a）所示。在复合材料制造后冷却降温过程中，因为纤维与基体的热膨胀系数不同，基体的热膨胀系数比纤维的热膨胀系数大，所以纤维与基体之间就会产生大小为 q 的压力，这一压力随着温度降低逐渐增大，在基体和纤维的界面附近就会形成热残余应力。热残余应力的大小由这一压力 q 的大小决定。

理想情况下，如果不考虑周围纤维的影响，假定基体是无限大的，那么，纤维将给基体一个均匀压力 q。设一圆筒，内半径为 a，外半径为 b，受均匀内压力及均匀外压力 q_a、q_b，如图 7-16（b）所示。

显然，应力的分布是轴对称的，因此取应力的表达式为：

$$\begin{cases} \sigma_r = \dfrac{A}{r^2} + B(1 + 2\ln r) + 2C \\ \sigma_\theta = -\dfrac{A}{r^2} + B(3 + 2\ln r) + 2C \\ \tau_{r\theta} = \tau_{\theta r} = 0 \end{cases} \tag{7-1}$$

边界条件要求：

$$(\tau_{r\theta})_{r=a} = 0 \qquad (\tau_{r\theta})_{r=b} = 0$$
$$(\sigma_r)_{r=a} = -q_a \qquad (\sigma_r)_{r=a} = -q_b \qquad (7\text{-}2)$$

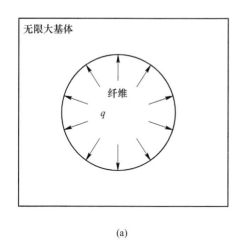

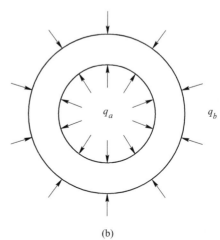

(a) (b)

图 7-16　理论模型

由上面的表达式可见，前面两个条件满足，后面两个条件则要：

$$\begin{cases} \dfrac{A}{a^2} + B(1 + 2\ln a) + 2C = -q_a \\[2mm] \dfrac{A}{b^2} + B(1 + 2\ln b) + 2C = -q_b \end{cases} \qquad (7\text{-}3)$$

这时，边界条件都已经满足，但方程有三个未知数，考虑到位移的单值条件得：

$$B = 0 \qquad (7\text{-}4)$$

求解方程，即可求得 A 和 $2C$：

$$A = \frac{a^2 b^2 (q_b - q_a)}{b^2 - a^2}, \quad 2C = \frac{q_a a^2 - q_b b^2}{b^2 - a^2} \qquad (7\text{-}5)$$

代入式（7-1），加以整理，则得到著名的拉密解答[1,2]，即：

$$\begin{cases} \sigma_r = -\dfrac{\dfrac{b^2}{r^2} - 1}{\dfrac{b^2}{a^2} - 1} q_a - \dfrac{1 - \dfrac{a^2}{r^2}}{1 - \dfrac{a^2}{b^2}} q_b \\[6mm] \sigma_\theta = \dfrac{\dfrac{b^2}{r^2} + 1}{\dfrac{b^2}{a^2} - 1} q_a - \dfrac{1 + \dfrac{a^2}{r^2}}{1 - \dfrac{a^2}{b^2}} q_b \end{cases} \qquad (7\text{-}6)$$

若 $q_b = 0$ ，即圆筒只受内压力，而不受外压力，则式（7-6）可以变为：

$$\begin{cases} \sigma_r = -\dfrac{(b^2 - r^2)\, a^2 q_a}{(b^2 - a^2)\, r^2} \\ \sigma_\theta = \dfrac{(b^2 + r^2)\, a^2 q_a}{(b^2 - a^2)\, r^2} \end{cases} \tag{7-7}$$

在上面的理论模型中，定义基体是无限大的，并只受内表面的均匀压力 q，可得 $b = \infty$，$q_a = q$，式（7-7）所表示的径向应力 σ_r 和环向应力 σ_θ 简化为：

$$\begin{cases} \sigma_r = -\dfrac{a^2}{r^2} q \\ \sigma_\theta = \dfrac{a^2}{r^2} q \end{cases} \tag{7-8}$$

式（7-8）即是复合材料的热残余应力表达式，只有径向应力和环向应力，而无剪应力。

7.6 显微云纹法原理

设 a_x 为 u 场条纹图相邻条纹沿 x 方向的条纹间距，b_y 为 v 场条纹图相邻条纹沿 y 方向的条纹间距，相邻两级条纹之间条纹级数差 $\Delta N = 1$，可得云纹干涉法应变的计算公式：

$$\varepsilon_x \cong \frac{1}{2fa_x} \tag{7-9}$$

$$\varepsilon_y \cong \frac{1}{2fb_y} \tag{7-10}$$

式中，f 为试件栅频率，1200 线/mm。距孔边较远处的条纹为载波条纹，设其相邻条纹间距分别为 a_{x0} 和 a_{y0}，减去叠加的载波条纹的信息，则可得孔边应变计算公式：

$$\varepsilon_x = \frac{1}{2fa_x} - \frac{1}{2fa_{x0}} = \frac{a_{x0} - a_x}{2fa_x a_{x0}} \tag{7-11}$$

$$\varepsilon_y = \frac{1}{2fb_y} - \frac{1}{2fb_{y0}} = \frac{b_{y0} - b_y}{2fb_y b_{y0}} \tag{7-12}$$

基体的弹性模量 $E = 115\text{GPa}$，泊松比 $\nu = 0.33$，屈服应力 $\sigma = 750\text{MPa}$，由于试件很薄，所以可以认为 $\sigma_z = 0$，则孔边的应力如图 7-17 所示。

从文献 [3，4] 得出，界面处的最大应力没有超过基体的屈服强度，因此利用弹性理论公式[5]中的广义胡克定律求得：

$$\varepsilon_\theta = \frac{1}{E}[\sigma_\theta - \nu(\sigma_r + \sigma_z)] = \frac{1}{E}(\sigma_\theta - \nu\sigma_r) \tag{7-13}$$

$$\varepsilon_r = \frac{1}{E}[\sigma_r - \nu(\sigma_\theta + \sigma_z)] = \frac{1}{E}(\sigma_r - \nu\sigma_\theta) \tag{7-14}$$

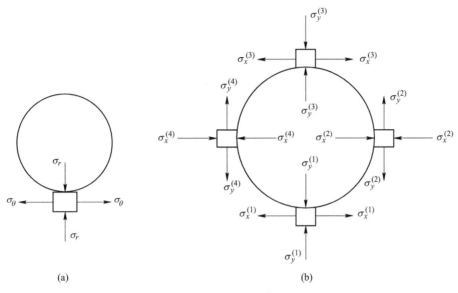

图 7-17 孔边（界面）处应力示意图

又由弹性理论公式（7-8）知 $\sigma_\theta = -\sigma_r$，故此，界面附近的应力：

$$\sigma_x = \frac{E(a_{x0} - a_x)}{2f(1 + \nu)a_x a_{x0}} \tag{7-15}$$

$$\sigma_y = \frac{E(b_{y0} - b_y)}{2f(1 + \nu)b_y b_{y0}} \tag{7-16}$$

7.7 实验结果及数据处理

7.7.1 单根纤维界面区的热残余应力

推出第一根纤维后得到 u 场和 v 场的云纹图，如图 7-18 所示。

根据公式（7-15）和式（7-16），得到界面 A 处的热残余应力为：

$$\begin{cases} \sigma_x = 418.835\text{MPa} \\ \sigma_y = 418.154\text{MPa} \end{cases} \tag{7-17}$$

这一结果与文献［3］中所得的结果（$\sigma_x = 473\text{MPa}$，$\sigma_y = 476\text{MPa}$）基本一致，这一残余应力值反映了单根纤维界面上的热残余应力，此值小于基体的屈服应力值（750MPa），表明界面附近基体处于弹性状态。但该值已经达到屈服应力的 56%，处于高应力状态。

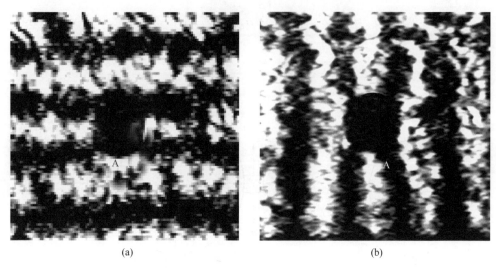

(a)　　　　　　　　　　　　　　(b)

图 7-18　推出第一根纤维后孔边附近云纹图

（a）u 场；（b）v 场

7.7.2　双纤维（b=0.16mm）推出后的残余应力场

为了研究相邻纤维对基体应力场的影响，在推出第一根纤维的基础上，将距其为 0.16mm 的另一根纤维也推出，重新测量界面 A 处的残余应力值。

据云纹图 7-19 计算得到 A 处残余应力为：

$$\begin{cases} \sigma_x = 667.0\text{MPa} \\ \sigma_y = 212.7\text{MPa} \end{cases} \tag{7-18}$$

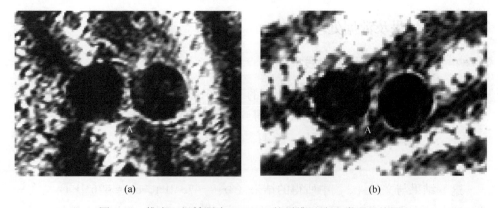

(a)　　　　　　　　　　　　　　(b)

图 7-19　推出双根轴距为 0.16mm 的纤维后孔边附近云纹图

A 点 x 方向的残余应力值已达到屈服强度的 89%，比单根纤维推出时上升了

33%，上升的这部分即为邻近纤维对其产生的影响部分。由此可见，在两纤维相距 0.16mm（纤维直径的 1.14 倍）时，邻近纤维使其残余应力值增加了大约 248MPa。

7.7.3 双纤维（$b=0.18$mm）推出后的残余应力场

在推出相距为 0.18mm 的两根纤维后，测得 A 处的残余应力值。

由图 7-20 云纹图得：

$$\begin{cases} \sigma_x = 468.0\text{MPa} \\ \sigma_y = 269.9\text{MPa} \end{cases} \tag{7-19}$$

A 点 x 方向的残余应力为屈服强度的 62%，比单根纤维界面残余应力高 6%，应力增加大约 49MPa，但较邻近纤维间距为 0.16mm 时的影响相比有所下降。

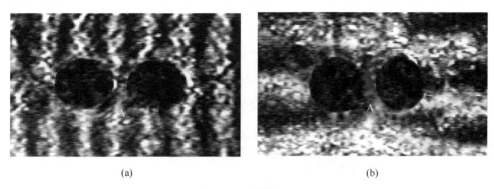

(a)   (b)

图 7-20　推出两根间距为 0.18mm 的纤维后孔边附近云纹图

7.7.4 双纤维（$b=0.2$mm）推出后的残余应力场

在推出相距为 0.2mm 的两根纤维后，测得 A 处的应力值。

由云纹图 7-21 得：

$$\begin{cases} \sigma_x = 432.4\text{MPa} \\ \sigma_y = 315.5\text{MPa} \end{cases} \tag{7-20}$$

A 点 x 方向的残余应力是屈服强度的 58%，与推出一根纤维时界面残余应力高约 2%，高出部分为与其相距 0.2mm（是纤维直径的 1.43 倍）的另一根纤维对其影响，使其应力增加了大约 13MPa，其应力值接近于推出一根纤维时的残余应力，这时邻近纤维对其的影响比纤维间距为 0.18mm 时的影响还小。由此可见，随着相邻纤维间距的增加，邻近纤维对其界面的残余应力影响也急剧下降。

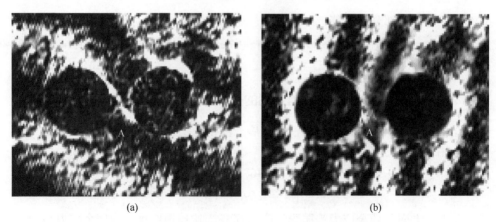

(a)　　　　　　　　　　　　　　　　(b)

图 7-21　推出两根相距为 0.2mm 的纤维后孔边附近云纹图

（a）u 场；（b）v 场

7.7.5　双纤维（b=0.146mm）推出后的应力场

推出间距为 0.146mm 两根纤维，如图 7-22 所示。

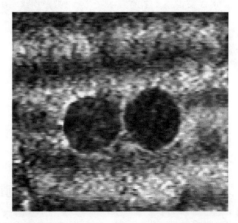

图 7-22　推出两根相距为 0.146mm 的纤维后孔边附近云纹图

在图 7-22 中可以看到，垂直于两个孔洞连线方向有条黑色的痕迹，与云纹的方向垂直，该处基体进入了塑性变形，上述弹性理论不再适合计算此处的热残余应力。因此当两纤维相距太近时，两纤维中间的基体区域会产生较大的残余应力，并导致基体屈服。

复合材料界面处残余应力的影响因素很多，其主要因素是由于复合材料基体和纤维的热膨胀系数的不匹配。除此之外复合材料制备过程也影响着界面处残余应力的分布和大小，纤维间距、材料性能参数等对复合材料界面处残余应力都有相应的影响[6,7]。

7.8 单纤维不同边界对界面热残余应力场的影响

为了研究纤维间距对热残余应力的影响,简化模型,忽略复合材料制备过程的化学反应,把纤维视为各向同性,基体也同样视为各向同性弹塑性材料,材料的性能参数与温度相关。采用 Marc 有限元软件模拟了力与温度场的耦合作用下界面残余应力的分布情况,其中纤维与基体视为两体黏性接触。

7.8.1 建立有限元模型

在利用有限元对大多数问题进行数值求解时,一般假设材料具有非常理想的周期性,建模型时只需要建立有代表性的体元模型。体元的模型应该具有相对合适的尺度、反映结构的特征等特点[8,9]。对于复合材料界面残余应力场,人们已经建立了许多理论模型,主要有同心球体模型、同心圆柱体模型、Eshelby 模型等。针对纤维增强复合材料比较成熟的理论模型是同心圆柱模型和四边形边界模型,如图 7-23 和图 7-24 所示。

图 7-23 同心圆柱模型

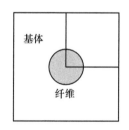

图 7-24 四边形边界模型

实际上纤维增强复合材料制备过程中的纤维的排布并不是上述这样理想的,而是成纤维四方或六方排布,文献 [6] 分析了这两种不同的纤维排布模式对热残余应力分布的影响,采用纤维六方排布模拟热残余应力的分布情况更加接近理想的同心圆柱模型的残余应力的分布。因此本章对单纤维界面残余应力的有限元模拟采用同心圆柱和四边形边界模型,分别取这两种模型的四分之一,利用 Marc 有限元分析软件建立几何模型,如图 7-25、图 7-26 所示。

模拟过程主要包括划分网格、添加材料参数,赋予模型物理特性、施加边界条件(压力和温度边界条件,固定边界条件)、设定初始条件、指定单元类型、建立荷载工况、设置迭代条件、容差、选择处理结果种类,提交并计算[10~14]。为了提高计算精度均采用六结点三角形物理单元进行模拟,如图 7-27 所示。为了接近实际材料的过程,所施加的热等静压力是随温变化的,当温度下降到 20℃时压力开始减小,直到压力完全卸载至零。

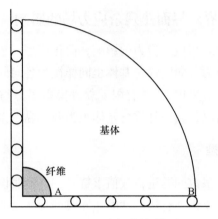

图 7-25　1/4 同心圆柱模型

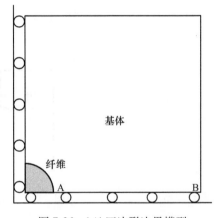

图 7-26　1/4 四边形边界模型

7.8.2　结果与分析

根据实际工况确定模拟为平面应变状态。为了与实际试样制备的冷却过程一致（实际复合材料制备由 878℃冷却到室温 20℃），采用 Marc 软件的热机耦合功能，同时考虑界面处的热量传递和相互作用影响，纤维与基体的界面处应用 Marc 软件自带的接触功能处理。

两种单纤维模型的热残余应力云图，如图 7-28～图 7-31 所示。

圆形边界单纤维模型和四边形边界单纤维模型的热残余应力云图分布大致相似。文献［6］指出如单纤维模型边界为四边形（即纤维呈现四方排布）和单纤维模型边界为圆形（同心柱模型）的热残余应力的云图分布有较大的区别，圆边界单纤维模型的热残余应力分布很均匀，而四边形边界单纤维模型的热残余应

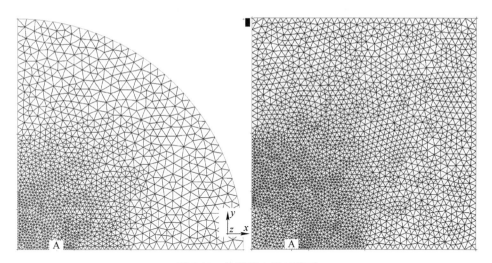

图 7-27 单纤维有限元模型

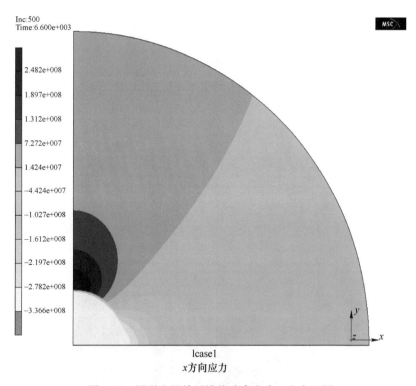

lcase1
x方向应力

图 7-28 圆形边界单纤维热残余应力 x 方向云图

力分布相对不均匀，其主要由纤维与基体的比例不同所引起，上述文献建立模型时纤维与基体的体积比为 7 : 15（即纤维含量是 35%）。而本章建立的模型纤维

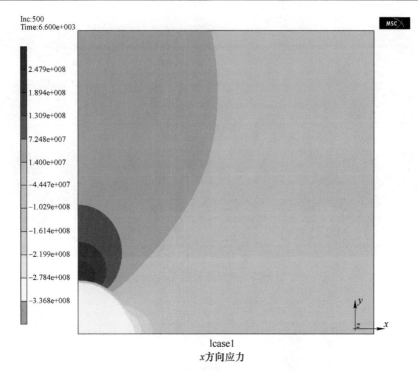

图 7-29　四边形边界单纤维热残余应力 x 方向云图

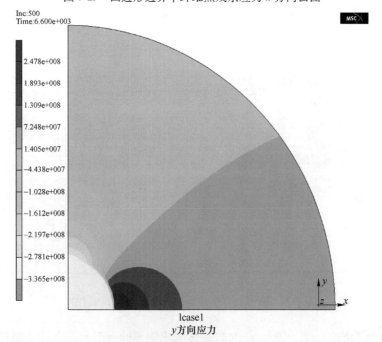

图 7-30　圆形边界单纤维热残余应力 y 方向云图

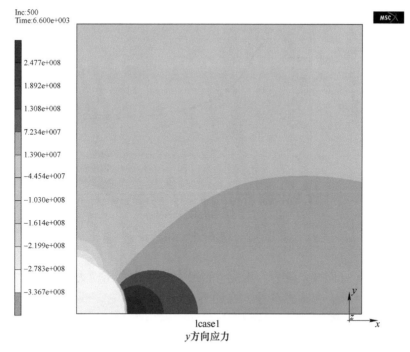

图 7-31 四边形边界单纤维热残余应力 y 方向云图

的半径为 0.07mm，圆形边界的半径为 0.4mm，四边形边界的边长为 0.4mm，纤维与基体的体积比为 49∶1600，这就相当于无限大基体模型，因此边界情况对纤维附近残余应力的分布没有影响。

分别在两个模型上取截面 AB（A 点为纤维与基体的交界处，B 点为模型边界处），如图 7-25、图 7-26 所示。在此截面上的热残余应力沿 AB 的变化规律，如图 7-32、图 7-33 所示。

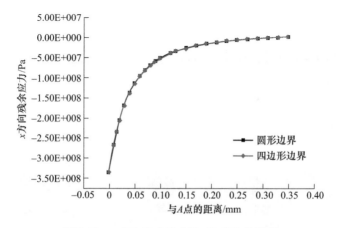

图 7-32 x 方向残余应力沿 AB 变化曲线图

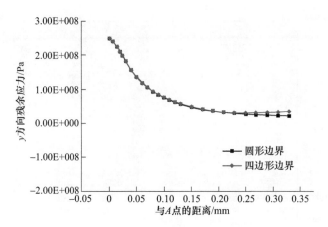

图 7-33　y 方向残余应力沿 AB 变化曲线图

图 7-32 中 x 方向残余应力为压应力，最大的热残余压应力为 335.7MPa，沿着 x 方向热残余压应力逐渐变小，在距界面 0.3mm 左右，残余应力趋近于零，这与理论分析吻合较好。

可以得到如下结论：单向连续 SiC 纤维增强 Ti-15-3-3 复合材料界面残余应力随到界面距离的增加而减小，当距离大于 0.3mm 以上热残余应力趋于零。如纤维在基体内均匀分布，当纤维的含量在 5% 以下时无论纤维是四方排布还是六方排布都不会影响热残余应力分布。

7.9　双纤维界面热残余应力场分布情况分析

7.9.1　有限元模型建立

采用 Marc 有限元软件分析 SiC 纤维增强 Ti-15-3-3 复合材料两根不同间距纤维附近热残余应力相互作用与间距的关系。由单纤维残余应力分析得到当模型边界距界面大于 0.3mm，则对热残余应力场几乎没有影响，所以建立双纤维有限元模型时，模型边界距纤维边界为 0.4mm。选取不同的间距分别建立有限元模型，如图 7-34 所示。

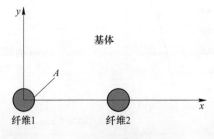

图 7-34　两根纤维模型示意图

选取纤维轴距分别为 0.50mm、0.40mm、0.30mm、0.28mm、0.26mm、0.24mm、0.23mm、0.22mm、0.21mm、0.20mm、0.19mm、0.18mm、0.17mm、0.16mm、0.15mm、0.45mm。标记左侧纤维为一号纤维，右侧的为二号纤维。模拟过程和参数设定与单纤维残余应力模拟一致，其模型如图 7-35 所示。

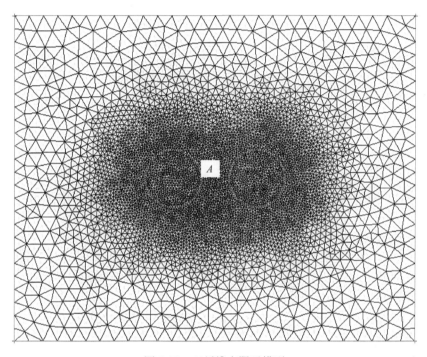

图 7-35　双纤维有限元模型

7.9.2　结果与分析

建立所有模型后，经过连续运算得到所有模型的热残余应力场的分布情况，这里仅选取热残余应力有显著变化的几个纤维间距模型的云图，如图 7-36～图 7-41 所示。

当纤维 1 与纤维 2 同时存在，纤维 1 界面热残余应力场分布就会发生改变，并且随着两纤维间距的减小，相互影响越大，在两根纤维之间的区域变化尤其明显。与此同时，纤维 2 同样也会受到纤维 1 的影响，此影响是相互的，对只有两根纤维的情况，整个区域的热残余应力场呈现对称性。这里给出 x 方向和 y 方向的热残余应力的云图，当两根纤维间距减小时，例如图 7-41，纤维轴距为 0.145mm（即纤维之间的距离只有 0.005mm）时，纤维 1 界面处的热残余应力已

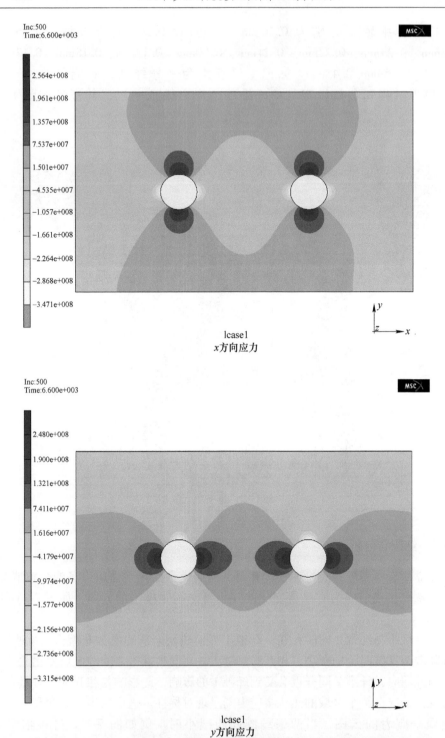

图 7-36　纤维轴距为 0.5mm 时 x 方向和 y 方向残余应力云图

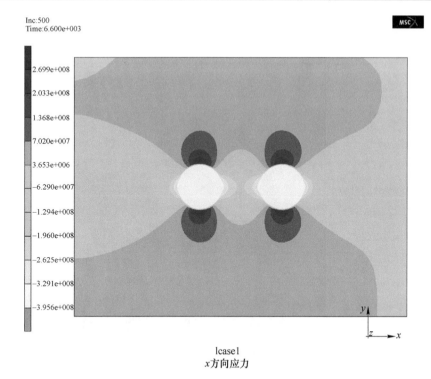

lcase1
*x*方向应力

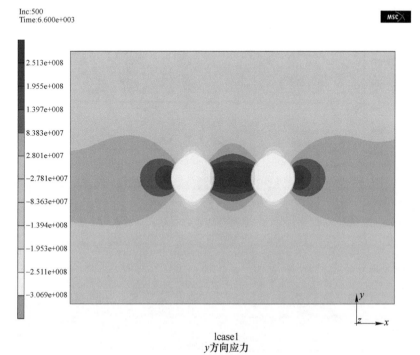

lcase1
*y*方向应力

图 7-37　纤维轴距为 0.26mm 时 *x* 方向和 *y* 方向残余应力云图

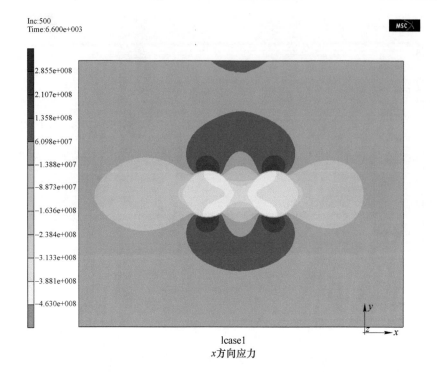

lcase1
x方向应力

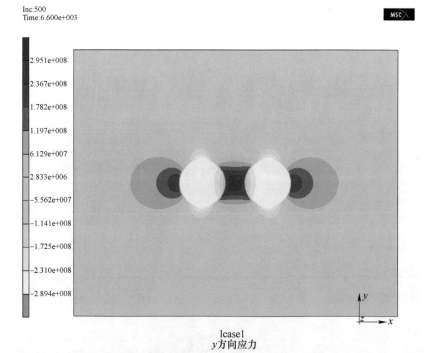

lcase1
y方向应力

图 7-38   纤维轴距为 0.2mm 时 x 方向和 y 方向残余应力云图

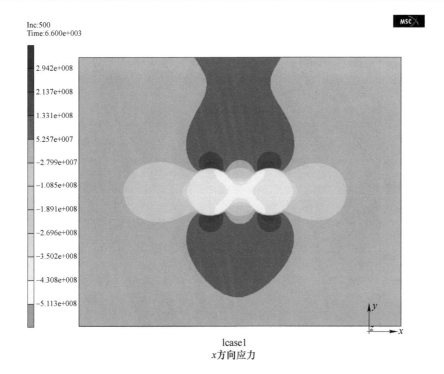

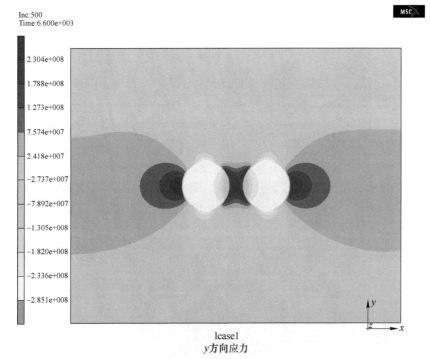

图 7-39　纤维轴距为 0.18mm 时 x 方向和 y 方向残余应力云图

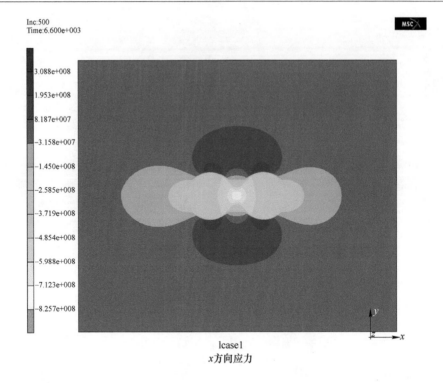

lcase1
*x*方向应力

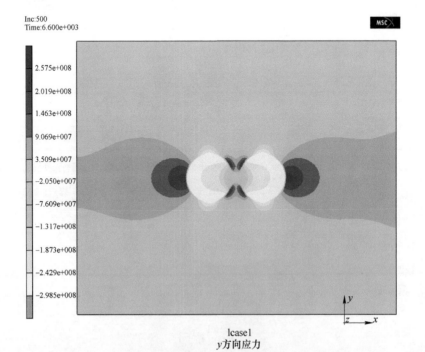

lcase1
*y*方向应力

图 7-40　纤维轴距为 0.16mm 时 *x* 方向和 *y* 方向残余应力云图

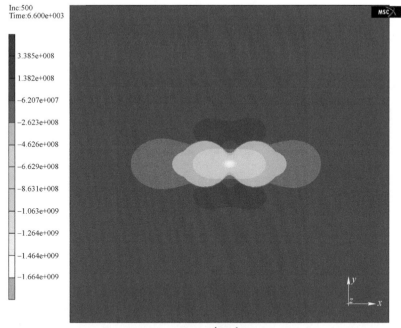

lcase1
x 方向应力

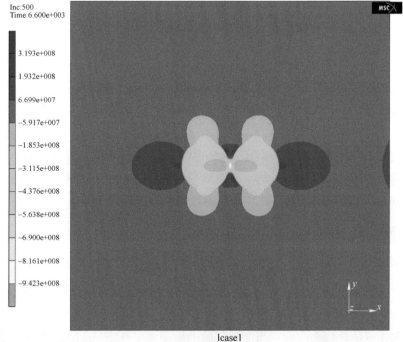

lcase1
y 方向应力

图 7-41　纤维轴距为 0.145mm 时 *x* 方向和 *y* 方向残余应力云图

经超过的基体的屈服强度（750MPa）增加到 1623MPa。纤维间距越小，就会出现越高的残余应力，使基体在此处发生塑性变形，或出现微裂纹导致复合材料在使用初期就存在微观缺陷，所以要尽量避免此类情况的发生。在 x 轴上取纤维 1 与基体的交界处一点 A，如图 7-34 所示，不同纤维间距的模型 A 点的 x 方向热残余应力，如图 7-42 所示。

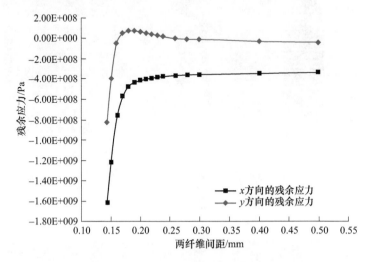

图 7-42　残余应力随双纤维轴距变化图

当纤维轴距为 0.16mm 时，A 点的 x 方向热残余压应力为 756MPa，这已经是基体的屈服强度的极限了，因此对于本复合材料，纤维轴距不应小于 0.16mm。当纤维的轴距大于 0.26mm，则 A 点的 x 方向残余应力趋于稳定，逐渐趋近于单纤维时 A 点的径向残余应力的值。同时求得不同纤维轴距时 A 点的 y 方向热残余应力的变化，当纤维的轴距大于 0.26mm 则 A 点的 y 方向残余应力同样也趋于稳定，逐渐趋近于单纤维时 A 点的 y 方向热残余应力的值。y 方向残余应力在间距为 0.18mm 附近出现了峰值，并且在此附近有两次方向的改变。

7.9.3　两相邻纤维热残余应力相互影响关系

为具体讨论 2 号纤维与 1 号纤维的关系，列表 7-1。两根纤维时 A 点的径向残余应力如图 7-43 中带正方形点的曲线所示，再减去纤维 1 为单纤维时的 A 点的热残余应力，如图 7-43 中带圆点的曲线所示，带三角形的曲线是纤维 2 在单纤维时在 A 点的热残余应力。当两根纤维的轴距大于 0.26mm 时，在 A 点处的热残余应力的值为纤维 1 与纤维 2 热残余应力的线性叠加。当两根纤维的轴距在 0.16mm 到 0.26mm 之间时，在 A 点处的热残余应力受纤维 2 影响是非线性的。

当两根纤维的轴距小于 0.16mm 时，纤维 2 对 A 点处的热残余应力的影响出现了振荡的现象，非常不稳定，这也说明了当纤维很接近时基体处于高应力状态，表现为进入塑性或产生微裂纹。

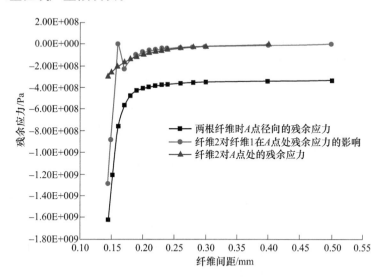

图 7-43　两根相邻纤维热残余应力相互影响关系图

表 7-1　A 点 x 方向热残余应力　　　　　　（Pa）

轴距/mm	两根纤维在 A 点	纤维 1 在 A 点	纤维 2 在 A 点
0.145	-1.62×10^9	-3.35×10^8	-2.9909×10^8
0.15	-1.21×10^9	-3.35×10^8	-2.6247×10^8
0.16	-7.56×10^8	-3.35×10^8	-2.06×10^8
0.17	-5.63×10^8	-3.35×10^8	-1.68×10^8
0.18	-4.75×10^8	-3.35×10^8	-1.38×10^8
0.19	-4.32×10^8	-3.35×10^8	-1.14×10^8
0.2	-4.08×10^8	-3.35×10^8	-9.57×10^7
0.21	-3.95×10^8	-3.35×10^8	-8.10×10^7
0.22	-3.86×10^8	-3.35×10^8	-6.91×10^7
0.23	-3.80×10^8	-3.35×10^8	-5.93×10^7
0.24	-3.75×10^8	-3.35×10^8	-5.12×10^7
0.26	-3.68×10^8	-3.35×10^8	-3.87×10^7
0.28	-3.63×10^8	-3.35×10^8	-2.8×10^7
0.3	-3.58×10^8	-3.35×10^8	-2.2×10^7
0.4	-3.46×10^8	-3.35×10^8	-4.9×10^6
0.5	-3.41×10^8	-3.35×10^8	

7.10　小结

本节给出了单纤维不同边界的有限元模型、单纤维有限元模型与理论分析模型，还建立了多个不同间距的两根纤维模型，通过有限元软件 MSC. MARC 分别进行计算。为了与实际情况更加接近，纤维与基体的性能参数设为随温度变化的变量，纤维与基体为黏性接触，并且考虑了热传递过程。得到一系列数据、图像，对结果分析研究，得到热残余应力场随纤维间距的变化情况。结论如下：

（1）单纤维模型最大的热残余应力沿着径向逐渐变小，在距界面 0.3mm 左右此应力趋近于零。边界距界面大于 0.25mm 以上，边界的形状对热残余应力几乎没影响，可以视为基体无限大；并且单纤维模型中有限元模拟的热残余应力的变化趋势与理论求解的热残余应力的变化趋势吻合较好。

（2）两根纤维模型中，两纤维的影响是相互的，对只有两根纤维的情况，整个区域的热残余应力场呈现对称性。

（3）两根纤维模型中，热残余应力场分布随着纤维间距的减小而增大，当纤维的轴距大于 0.26mm 时两纤维之间的相互影响比较小，在两纤维之间的区域热残余应力的值为两纤维热残余应力场的线性叠加。

（4）当两根纤维的轴距在 0.16～0.26mm 时，纤维的热残余应力受另一纤维影响是非线性的。

（5）当两根纤维的轴距小于 0.16mm 时，纤维的热残余应力场受另一纤维热残余应力的影响出现了振荡的现象，非常不稳定；当纤维很接近时，基体也处于很不稳定的状态，表现为进入塑性或产生裂纹。

参 考 文 献

[1] Dai F L, Mckevie J, Post D. An interpretation of moiré interfereometry from wavefront interference theory [J]. Proc. SPIE, 1990, 12 (2): 101~108.

[2] 杨丽芳. 航空用的一种新材料——Ti-15-3 合金的发展与性能 [J]. 稀有金属材料与工程, 1987, 5: 12~16.

[3] Xing Y M, Tanaka Y, Kishimoto S, et al. Determining interfacial thermal residual stress in SiC/Ti-15-3 composites [J]. Scrip Mater, 2003, 48: 701~706.

[4] Xing Y M, Kishimoto S, Tanaka Y. A Novel Method for Determining Interfacial Residual Stress in Fiber-reinforced [J]. J. Composite Mater., 2004, 38 (2): 135~148.

[5] Timoshenko S, Goodier J N. Theory of elasticity, 2nd ed. for international students [R]. Tokyo Kogakusha Company Ltd, 1951.

[6] 马志军, 杨延清, 朱艳, 等. SiC/Ti 基复合材料中纤维排布方式对残余热应力的影响 [J]

西北工业大学学报，2002，20（2）：184~187.

[7] 杨延清，朱艳，陈彦，等 . SiC 纤维增强 Ti 基复合材料的制备及性能 [J]. 稀有金属材料
    与工程，2002，31（3）：201~204.

[8] Arnold S M，Arya V K，Melis M E. Reduction of thermal stresses in advanced meatallic compos-
    ites based upon a compensating/compliant layer concept [J]. J. Composite Mater.，1992，
    26（9）：1287~1309.

[9] 王勖成 . 有限单元法 [M]. 北京：清华大学出版社，2003.

[10] 陈火红 . MSC. Marc 材料非线性分析培训教程 [M]. MSC. Software 中国，2001.

[11] 席源山，陈火红，等 . MSC. Marc 温度场及其耦合场分析培训教程 [M]. 2 版 .
     MSC. Software 中国，2005.

[12] 陈火红，于军泉，席源山，等 . MSC. Marc/Mentat 2003 基础与应用实例 [M]. 北京：科
     学出版社，2004.

[13] 陈火红，祁鹏 . MSC. Patran/Marc 培训教程和实例 [M]. 北京：科学出版社，2004.

[14] 陈火红 . MSC. Marc 有限元实例分析教程 [M]. 北京：机械工业出版社，2002.